AF475669

CATALOGUE DESCRIPTIF

DES

MAMMIFÈRES

LYON. — IMPRIMERIE PITRAT AINÉ

CATALOGUE DESCRIPTIF

DES

MAMMIFÈRES

SAUVAGES ET DOMESTIQUES

QUI VIVENT DANS

LE DÉPARTEMENT DU RHONE

ET DANS LES RÉGIONS AVOISINANTES

PAR

ARNOULD LOCARD

PARIS
LIBRAIRIE J.-B. BAILLIÈRE ET FILS
19, RUE HAUTEFEUILLE, 19

1889

INTRODUCTION

Jusqu'à ce jour il n'a été publié aucun travail d'ensemble sur la faune des Mammifères du département du Rhône et des régions avoisinantes. Nous avons pensé qu'il y aurait quelque intérêt à faire connaître cette faune, en exposant dans un catalogue méthodique et descriptif les différents éléments qui la composent.

La plupart du temps, les naturalistes, dans les travaux de ce genre, croient devoir se borner uniquement à l'étude des animaux qui vivent à l'état sauvage, laissant de côté ceux que la main de l'homme a su conquérir et est parvenue à modifier par la domestication. Comme en somme ces derniers animaux jouent dans l'économie générale un rôle prépondérant, il nous a semblé utile d'en tenir compte dans de certaines limites. Nous nous sommes donc efforcé de donner la liste aussi complète que possible des différentes races domestiques actuellement élevées dans nos régions. M. Cornevin, professeur de zootechnie à l'École vétérinaire de Lyon, auteur d'un savant et très intéressant mémoire sur semblable question (1), a bien voulu revoir cette partie de notre travail ; nous le remercions ici de sa gracieuse collaboration.

(1) Ch. Cornevin, *La Boucherie de Lyon en 1876*, 1 br. in 8, 68 p. Paris, 1878.

Pour chaque espèce classée zoologiquement, nous avons indiqué sa synonymie, ses noms vulgaires, ses caractères descriptifs sommaires, ses variations lorsque nous avons pu en constater, son habitat, et enfin, s'il y avait lieu, ses antécédents dans la faune fossile.

Pour la classification, la synonymie et les caractères descriptifs des espèces nous avons mis en œuvre les principales publications, parmi les plus modernes, traitant d'un pareil sujet; nous citerons tout spécialement les catalogues du British Museum de Gray (1) et de Dobson (2), le traité de Blasius (3), le résumé de A. Bouvier (4) et l'ouvrage de Fatio sur la Suisse (5), auquel nous avons fait de fréquents emprunts. La micromammalogie encore si mal connue présentait une réelle difficulté. Si nous avions dû nous borner uniquement à signaler les espèces recueillies et collectionnées jusqu'à ce jour dans nos environs, la liste en eût été bien courte. Mais nous inspirant des travaux de Selys-Longchamps (6), de Fatio (7), et surtout de ceux beaucoup plus récents du Dr Trouessart (8), nous avons indiqué, parmi les espèces européennes celles qui, selon toutes probabilités, doivent se rencontrer dans nos régions, espérant ainsi appeler l'attention des chasseurs et des naturalistes sur une étude encore bien incomplète et pourtant si intéressante.

Aux dénominations scientifiques latines, basées sur la méthode binominale de Linné (9), on a généralement l'habitude de joindre, lorsqu'il

(1) George Edward Dobson, *Catalogue of the Chiroptera in the collection of the British Museum*. London, 1878, 1 vol. in-8, avec pl.

(2) John Edward Gray, *Catalogue of Carnivorous, Pachydermatous, and Edentate Mammalia in the British Museum*. London, 1869, 1 vol. in-8, avec pl.

(3) J.-H. Blasius, *Naturgeschichte der Säugethiere Deutschlands und der angränzenden Länder von Mitteleuropa*. Braunschweig, 1857, 1 vol. in-8, avec fig.

(4) A. Bouvier, *Résumé d'histoire naturelle pratique. Les animaux de la France. Études générales de toutes nos espèces considérées au point de vue utilitaire*, 1re partie, *Les Mammifères*. Paris, 1886, 1 br. in-8, 99 p.

(5) Victor Fatio, *Faune des Vertébrés de la Suisse, Mammifères*. Genève et Bâle, 1869, 1 vol. in-8, avec pl.

(6) Edm. de Selys-Longchamps, *Études de micromammalogie. Revue des Musaraignes, des Rats et des Campagnols, suivie d'un index méthodique des Mammifères d'Europe*. Paris, 1839, 1 vol. in-8, avec pl.

(7) Victor Fatio, *Les Campagnols du bassin du Léman*, Bâle et Genève, 1867, 1 vol. in-8, avec pl.

(8) Dr E. L. Trouessart, *Revue synonymique des Cheiroptères d'Europe*, in *Feuille des jeunes naturalistes*, IXe année, no 102 à 105 et 107. Paris, 1879, gr. in-8, avec pl. — Dr E.-L. Trouessart, *Les petits Mammifères de la France*, in *Feuille des jeunes naturalistes*, XIe année, no 124 à 126; XIIe année, no 144; XIIIe année, nos 145 et 146. Paris, 1881 et 1882, gr. in-8, avec pl.

(9) Comme l'a fait observer notre savant ami M. le Dr Saint-Lager (*Les origines des sciences naturelles suivies de remarques sur la nomenclature zoologique*, p. 73 et seq., et *Nou-*

s'agit des Mammifères, les appellations françaises encore en usage. A ces noms bien connus, nous avons ajouté les désignations locales ou patoises, après avoir fait appel aux lumières de nos amis, M. l'abbé Ducrost, et Nizier du Puits-Pelus, dont les recherches sur pareille matière font autorité dans les questions de linguistique.

Pour l'étude des variations, nous avons trouvé au muséum de Lyon une collection déjà très riche, renfermant de nombreux spécimens de la faune locale. Nous adressons tous nos remerciements à notre savant ami le Dr Louis Lortet, directeur du muséum, et à son préparateur M. Donat-Motte, qui nous ont mis à même de pouvoir signaler dans ce travail plusieurs formes rares ou peu connues. Puisse cette étude contribuer à enrichir encore les galeries de notre Muséum en faisant ressortir la richesse et la variété de notre faune, et l'un de nos vœux les plus chers sera accompli.

Restait enfin la question de l'habitat de nos différents animaux. Il existe, en histoire naturelle, deux manières d'envisager la question : ou bien indiquer d'une manière générale les milieux dans lesquels l'animal peut vivre et par conséquent où l'on a chance de le rencontrer; ou bien signaler avec toute la précision géographique possible les localités précises où ces mêmes êtres ont été observés d'une façon pertinente. Lorsque les êtres sont susceptibles d'une certaine fixité dans leur habitat, comme les mollusques ou les plantes, ce mode est de beaucoup préférable, puisqu'il permet de signaler au chercheur, avec quelque certitude, le point précis où il lui sera possible de retrouver telle ou telle espèce. Mais lorsque l'on est en présence d'animaux qui peuvent se déplacer aussi facilement que les Mammifères et la plupart des autres animaux supérieurs, pareille précision devient absolument illusoire. Il suffit dès lors d'indiquer d'une manière générale les conditions de son *modus vivendi* pour que le chasseur puisse en déduire les probabilités de son habitat normal. Au lieu de dire par exemple, que la Loutre ou tout autre animal a été capturé dans telles ou telles stations, où très probablement on ne le retrouverait plus aujourd'hui, nous avons préféré expliquer dans quelles conditions de

velles remarques sur la nomenclature botanique, p. 36), Linné est l'auteur de fâcheux pléonasmes écrits sans doute dans un moment d'oubli et aujourd'hui consacrés par l'usage, tels que *Felis catus*, *Castor fiber*, *Mus ratus*, *Ovis aries*, *Sus scrofa*, *Bos taurus*, *Equus caballus*, *etc.* Malgré la défectuosité de semblables appellations, nous ne nous sommes pas cru suffisamment autorisé pour oser les modifier, quelque incorrectes qu'elles soient.

milieu on devait le rechercher, en ajoutant qu'il était plus ou moins rare dans la région.

En terminant cet exposé, qu'il nous soit permis d'adresser ici tous nos remercîments aux nombreux amis qui ont bien voulu nous donner d'utiles et précieux renseignements sur la faune mammalogique de nos pays, et plus particulièrement à MM. Durieu du Souzy, lieutenant de louveterie, G. Félissent, Frère Euthyme, Flocard, Gabillot, Dr Saint-Lager, J. Testenoire, etc.

Lyon, novembre 1888.

CATALOGUE DESCRIPTIF

DES

MAMMIFÈRES

QUI VIVENT DANS

LE DÉPARTEMENT DU RHONE

ET DANS

LES RÉGIONS AVOISINANTES

CHIROPTERA

Membres antérieurs terminés en ailes formées par le développement d'une membrane qui relie des doigts très allongés; pouce séparé, en partie opposable; deux mamelles pectorales; série dentaire complète. — Animaux nocturnes ou crépusculaires.

RHINOLOPHIDÆ

Ouverture des narines située au fond d'un repli cutané en forme de fer à cheval et surmontée d'un appendice en forme de feuille plissée sur le front; oreilles bien séparées, dépourvues d'oreillon.

Genre RHINOLOPHUS, Geoffroy.

1803. *In Nouv. Dict. Hist. nat.*, XIX. p. 383.

Caractères. — Deux incisives seulement à la mâchoire supérieure, très petites, rudimentaires, accolées de chaque côté à la canine; 4 incisives à la mâchoire inférieure.

Rhinolophus ferrum-equinum, SCHREBER.

Vespertilio ferrum-equinum, Schreber, 1775. *Säugeth.*, I, pl. LXXII, fig. 2.
Rhinolophus ferrum-equinum, Blasius, 1857. *Naturg. Säugeth. Deutschl.*, p. 31, fig. 1 à 4, 8 à 9. — Fatio, 1869. *Vert. Suisse*, p. 34. — Trouessart, 1879. *In Feuille natur.*, IX, p. 82, pl. I, fig. 2.

NOM VULGAIRE. — Le Rhinolophe grand fer à cheval. Tous les Cheiroptères sont désignés communément sous les noms de Rata-Volagi, Ratapenna, Rataplena, Rat-de-volage, Rate-volage.

DESCRIPTION. — Seconde prémolaire supérieure accolée à la canine, la première très petite et située en dehors de la ligne dentaire; seconde prémolaire inférieure très petite, à peine visible, toujours située en dehors de la ligne dentaire, dans l'angle extérieur formé par les deux autres prémolaires; d'un gris cendré en dessus, d'un gris blanchâtre et rosé en dessous.

DIMENSIONS. — Avant-bras, 57; envergure, 340 millimètres.

HABITAT. — Peu commun; dans les combles des vieux bâtiments, les grottes ou cavernes, les vieux troncs d'arbres; se rencontre de bonne heure au printemps; apparaît tard dans la nuit; vole lourdement à une faible élévation, le long des allées d'arbres, des rochers ou des maisons.

Rhinolophus hipposideros, BECHSTEIN.

Vespertilio hipposideros, Bechstein, 1801. *Nat. Deutsch.*, p. 1188.
Rhinolophus hipposideros, Leach, 1811. *Zool. misc.*, III, p. 2, sp. 2, pl. CXXI. — Blasius, 1857. *Naturg. Säugeth. Deutschl.*, p. 29, fig. 6 à 7. — Fatio, 1869. *Vert. Suisse*, p. 37, pl. III, fig. 2, 3 et 5. — Trouessart, 1879. *In Feuille natur.*, IX, p. 82, pl. I, fig. I.

NOM VULGAIRE. — Le Rhinolophe petit fer à cheval, etc.

DESCRIPTION. — Seconde prémolaire supérieure séparée de la canine par un espace dans le milieu duquel se place la première petite prémolaire; seconde prémolaire inférieure petite, mais toujours bien visible, située dans l'angle externe formé par les deux autres prémolaires; d'un gris brunâtre en dessus, blanchâtre en dessous.

DIMENSIONS. — Avant-bras, 40; envergure, 240 millimètres.

Habitat. — Peu commun; en compagnies parfois nombreuses, dans les vieux bâtiments, les grottes ou les fentes de rochers; apparaît de bonne heure au printemps; sort tard dans la nuit, volant bas et lentement, au voisinage de sa demeure.

VESPERTILIONIDÆ

Nez dépourvu de repli en forme de fer à cheval; un oreillon distinct; queue longue et mince, complètement engagée dans la membrane interfémorale dont le bord forme un angle aigu avec elle, libre seulement à son extrémité; oreilles de forme et de longueur variables, ne présentant jamais de repli rabattu sur le front; oreillon plus ou moins allongé et lancéolé; deux phalanges au médius, dont la première reste toujours dans le prolongement du métacarpe.

Genre PLECOTUS, Geoffroy.

1812. *Descrip. Egypte*, II, p. 112.

Caractères. — Sommet de la tête plat ou peu élevé au-dessus du museau; incisives supérieures accolées deux par deux, de chaque côté, à la canine correspondante; narines s'ouvrant à la partie supérieure du museau, au fond d'une rainure profonde, constituant une feuille nasale rudimentaire; oreilles plus ou moins grandes, soudées ensemble à leur base; front caverneux.

Plecotus auritus, Linné.

Vespertilio auritus, Linné, 1758. *Syst. nat.*, édit. X, p. 31, n° 5.
Plecotus auritus, Geoffroy, 1812. *Descript. Egypte*, II, p. 118. — Blasius, 1857. *Nat. Säugeth. Deutschl.*, p. 39, fig. 14 à 20. — Fatio, 1869. *Vert. Suisse*, p. 42, pl. III, fig. 10. — Trouessart, 1879. *La Feuille natur.*, IX, p. 81, pl. I, fig. 5

Nom vulgaire. — L'Oreillard, etc.

Description. — Bord externe de l'oreille s'insérant latéralement près de l'angle de la bouche; oreilles très grandes; prémolaires $\frac{2-2}{3-3}$ d'un brun cendré clair en dessus, gris blanchâtre lavé de roux en dessous.

Dimensions. — Avant-bras, 40; envergure, 250 millimètres.

Habitat. — Peu commun; vit rarement en société; on le rencontre le plus souvent isolé dans les troncs d'arbres ou les vieux bâtiments, suspendu par les pieds, les oreilles renversées en arrière sur le dos ou sous les bras, laissant passer seulement l'oreillon; sort dans la première moitié de la nuit, volant lentement mais assez haut, le long des bois et jusque dans les jardins, autour des habitations.

Plecotus barbastellus, Schreber. (1)

Vespertilio barbastellus, Schreber, 1775. *Säugeth.*, I. p. 168, pl. LV.
Plecotus barbastellus, Cuvier, 1817. *Règne animal*, I. p. 130.
Synotus barbastellus, Keysserling et Blasius, 1839. *Wirbelt. Europ.*, p. 55, n° 102. — Blasius, 1857. *Naturg. Säugeth. Deutschl.*, p. 43, fig. 21 à 24. — Fatio, 1869. *Vert. Suisse*, p. 46, pl. III, fig. 11. — Trouessart, 1879. *In Feuille natur.*, IX, p. 81 pl. 1, fig. 6.

Nom vulgaire. — La Barbastelle, etc.

Description. — Bord externe de l'oreille s'insérant en avant, entre les yeux et la bouche; oreilles moyennes; prémolaires $\frac{2-2}{2-2}$; d'un brun foncé moucheté de clair en dessus, d'un gris cendré violacé en dessous.

Dimensions. — Avant-bras, 38; envergure 270 millimètres.

Habitat. — Rare; vit presque toujours isolé, se retirant dans les grottes, les fissures de rochers, les vieux bâtiments; sort de bonne heure dans la soirée, parcourant d'un vol prompt et élevé les allées d'arbres, les rues des villages et des villes.

Genre VESPERUGO (Tertulien), Keysserling et Blasius.

1839. *In Wiegm. Arch.*, p. 312.

Caractères. — Sommet de la tête plat ou peu élevé au dessus du museau; incisives supérieures accolées deux par deux, de chaque côté, à la canine correspondante; première prémolaire supérieure petite ou nulle; narines s'ouvrant par une fente circulaire à l'extrémité du museau; oreilles bien séparées, plus courtes que la tête, triangulaires ou rhomboïdales, bord externe inséré très bas ou en avant près et même au-

(1) La plupart des auteurs classent cette espèce dans le genre *Synotus*, quoique en réalité ses caractères génériques diffèrent fort peu de ceux des véritables *Plecotus*.

dessus de la commissure des lèvres ; oreillon courbé en dedans à droite; museau presque nu en avant des yeux, couvert d'éminences glandulaires très développées; ailes longues et étroites.

Vesperugo serotinus, DAUBENTON.

Vespertilio serotinus, Daubenton, 1759. *In Mém. Ac. sc.*, p. 380.
Vesperugo serotinus, Blasius, 1857. *Naturg. Säugeth. Deutschl.*, p. 76, fig. 51, 52. — Fatio, 1869. *Vert. Suisse*, p. 79. — Trouessart, 1879. *In Feuille natur.*, IX, p. 93, pl. I, fig. 7; pl. II, fig. 1.

NOM VULGAIRE. — La Sérotine ; etc.

DESCRIPTION. — Deux prémolaires supérieures, 4 inférieures $\frac{1-1}{2-2}$; oreillon de longueur moyenne, ayant sa plus grande largeur immédiatement au-dessus de la base de son bord interne ; lobe post-calcanéen distinct; les deux dernières vertèbres caudales libres; d'un brun cendré en dessus, fauve roussâtre en dessous.

DIMENSIONS. — Avant-bras, 51 ; envergure, 340 millimètres.

HABITAT. — Peu commun ; vit presque toujours isolé, au voisinage des habitations, dans les milieux boisés ; sort tard le soir, vole lentement et assez bas.

Vesperugo borealis, NILSSON.

Vespertilio borealis, Nilsson, 1832-40. *Illum. fig. Scand. Fauna.*
Vesperugo Nilssonii, Keysserling et Blasius, 1839. *In Wiegm. Arch.*, I, p. 315, n° 3. — Blasius, 1857. *Naturg. Säugeth. Deutschl.*, p. 70, fig. 47, 48. — Fatio, 1869. *Vert. Suisse*, p. 75.
— *borealis*, Trouessart, 1879. *In Feuille natur.*, IX, p. 43 et 117, pl. II, fig. 2.

NOM VULGAIRE. — Le Vespère boréal ; etc.

DESCRIPTION. — Mêmes prémolaires ; oreillon court, le bord interne droit, non courbé en dedans, ayant sa plus grande largeur vers le milieu de son bord interne ; un lobe post-calcanéen distinct ; les deux dernières vertèbres caudales libres ; noirâtres avec des mèches claires et brillantes en dessus, d'un gris brunâtre foncé en dessous.

DIMENSIONS. — Avant-bras, 39 à 40 ; envergure 240 à 260 millimètres.

HABITAT. — Rare ; vit accidentellement dans nos régions ; vol prompt et assez élevé ; de préférence dans les sites montagneux.

Vesperugo discolor, Natterer.

Vespertilio discolor, Natterer, 1819. *In* Kühl, *Deutschl. Flederm.*, p. 43, n° 8.
Vesperugo discolor, Keysserling et Blasius, 1839. *Wirbelth. Europ.*, p. 50, n° 81. — Blasius, 1857, *Naturg. Säugeth. Deutschl.*, p. 73, fig. 49 et 50. — Fatio, 1869. *Vert. Suisse*, p. 73. — Trouessart, 1879. *In Feuille natur.*, IX, p. 93, pl. II, fig. 3.

Nom vulgaire. — Le Vespère discolor; etc.

Description. — Mêmes prémolaires; oreillon court, élargi dans le haut, ayant sa plus graude largeur immédiatement au-dessus du milieu de son bord interne; oreilles plus courtes que la tête; la dernière vertèbre caudale seule libre; d'un brun foncé en dessus, blanchâtre en dessous.

Dimensions. — Avant-bras, 42; envergure 270 millimètres.

Habitat. — Peu commun; se retire en petite compagnie ou même solitaire, dans les vieux troncs d'arbres ou dans les réduits obscurs des bâtiments; sort de bonne heure dans la soirée; erre d'un vol rapide et élevé, tantôt sur le bord des bois, tantôt dans les avenues et les allées des jardins et au voisinage des habitations.

Vesperugo noctula, Schreber.

Vespertilio noctula, Schreber, 1775. *Säugeth.*, I, p. 166, pl. XLIV.
Vesperugo noctula, Keysserling et Blasius, 1839. *Wirbelt. Europ.*, p. 48, n° 80. — Blasius, 1857. *Naturg. Säugeth. Deutschl.*, p. 53, fig. 31 à 34. — Fatio, 1869. *Vert. Suisse*, p. 55, pl. III, fig. 12. — Trouessart, 1879. *In Feuille natur.*, IX, p. 93, pl. I, fig. 8; pl. II, fig. 4.

Nom vulgaire. — La Noctule; etc.

Description. — Prémolaires $\frac{2-2}{2-2}$; incisive supérieure externe deux fois plus grosse que l'interne (mesurée à la hauteur du collet); incisive inférieure formant un angle droit avec la mâchoire; membrane de l'aile s'insérant au talon et au-dessus; oreillon dilaté par en haut, securiforme, courbé en dedans, ayant sa plus grande largeur au-dessus du milieu de son bord interne qui est concave; lobe post-calcanéen bien développé; d'un roux jaunâtre en dessus, un peu plus clair en dessous.

Dimensions. — Avant-bras, 60 à 70; envergure 320 à 460 millimètres.

Habitat. — Assez commun; vit dans les troncs d'arbres, et se retire en hiver dans les vieux bâtiments; sort de très bonne heure dans la soirée; parcourt de préférence les sites boisés d'un vol élevé et rapide.

Vesperugo Leisleri, Kuhl.

Vespertilio Leisleri, Kuhl, 1819. *In Ann. Wetterau. Gesellsch. Naturk.*, I. p. 47.
Vesperugo Leisleri, Keysserling et Blasius, 1839. *Wirbelt. Europ.*, p. 46, n° 81. — Blasius, 1858. *Naturg. Säugeth. Deutschl.*, p. 56, fig. 35, 36. — Fatio, 1869. *Vert. Suisse*, p. 58. — Trouessart, 1879. *In Feuille natur.*, IX, p. 94, pl. II, fig. 5.

Nom vulgaire. — Le Vesperin de Leisler; etc.

Description. — Mêmes prémolaires; incisive supérieure externe égale à l'interne en diamètre, à la hauteur du collet; incisive inférieure dans la direction de la mâchoire; membrane de l'aile et oreillon comme chez le *Vesperugo noctula;* d'un brun rougeâtre en dessus, d'un brun jaunâtre en dessous.

Dimensions. — Avant-bras, 42 à 46; envergure 260 à 270 millimètres.

Habitat. — Peu commun; vit en compagnie dans les troncs d'arbres ou dans les combles des vieux bâtiments; sort de bonne heure dans la soirée; vol élevé, puissant et accidenté.

Vesperugo Savii, Bonaparte.

Vespertilio Savii, Bonaparte, 1837. *Fauna Italia*, fasc. XX.
Vesperugo Maurus, Blasius, 1853. *In Wiegm. Arch.*, I, p. 35. — 1857. *Naturg. Säugeth. Deutschl.*, p. 67, fig. 43, 44. — Fatio, 1869. *Vert. Suisse*, p. 69. — Trouessart, 1879. *In Feuille natur.*, IX, p. 94, pl. II, fig. 6.
— *Savii*, Trouessart, 1879. *Loc. cit.*, p. 117.

Nom vulgaire. — Le Vesperin alpestre; etc.

Description. — Mêmes prémolaires; membrane de l'aile s'insérant à la base des orteils; bord extérieur de l'oreille convexe par en bas, concave par en haut; oreillon ayant sa plus grande largeur vers son milieu; bord interne de l'oreillon droit ou à peine concave; lobe post-calcanéen petit; d'un brun sombre avec de longues mèches dorées en dessus, d'un gris brunâtre en dessous.

Dimensions. — Avant-bras, 34; envergure, 225 millimètres.

Habitat. — Espèce montagnarde, vivant accidentellement dans nos régions, dans les troncs d'arbres et les cavernes; sort de bonne heure dans la soirée, errant le long des bois, des prairies, des chalets, d'un vol élevé, rapide et accidenté.

Vesperugo pipistrellus, Schreber.

Vespertilio pipistrellus, Schreber, 1775. *Säugeth.*, I, p. 167, pl. LIV.
Vesperugo pipistrellus, Keysserling et Blasius, 1839. *Wirbelth. Europ.*, p. 48, n° 85. — Blasius, 1857. *Naturg. Säugeth. Deutschl.*, p. 61, fig. 39, 40. — Fatio, 1869. *Vert. Suisse*, p. 61, pl. III, fig. 1. — Trouessart, 1879. *In Feuille natur.*, IX, p. 94, pl. II, fig. 7.

Nom vulgaire. — La Pipistrelle, etc.

Description. — Mêmes prémolaires; première incisive supérieure bilobée; membrane de l'aile s'insérant à la base des orteils; bord externe de l'oreille échancré profondément à son tiers supérieur; oreillon ayant sa plus grande largeur immédiatement au-dessus de la base de son bord interne, avec ses deux bords parallèles; lobe post-calcanéen bien développé; d'un brun plus ou moins roussâtre ou noirâtre en dessus, le dessous de même teinte, mais d'intensité très variable.

Dimensions. — Avant-bras, 30 à 32; envergure, 200 à 220 millimètres.

Habitat. — Commun; habite en nombreuse compagnie dans les troncs d'arbres, sous les vieilles toitures, souvent au voisinage des eaux; sort de bonne heure dans la soirée, parcourant d'un vol prompt et très accidenté les avenues, les allées, les rues des villages.

Vesperugo abramus, Temminck.

Vesperugo Nathusii, Keysserling et Blasius, 1839. *In Wiegm. Arch.*, p. 320, n° 11. — Blasius, 1857. *Naturg. Säugeth. Deutschl.*, p. 58, fig. 37, 38. — Fatio, 1869. *Vert. Suisse*, p. 64, pl. III, fig. 8.
Vespertilio abramus, Temminck, 1841. *Monogr. Mamm.*, p. 230.
Vesperugo abramus, Trouessart, 1879. *In Feuille natur.*, IX, p. 94, pl. I, fig. 9.

Nom vulgaire. — Le Vesperin de Nathusius, etc.

Description. — Mêmes prémolaires; première incisive supérieure bilobée; membrane de l'aile s'insérant à la base de l'oreille droite; oreillon comme chez le *V. pipistrellus;* d'un brun de suie foncé en dessus, plus clair ou grisâtre en dessous.

Dimensions. — Avant-bras, 34; envergure, 240 millimètres.

Habitat. — Assez rare; vit dans les troncs d'arbres et les vieux bâtiments, à la lisière des bois, au-dessus des broussailles.

Vesperugo Kuhli, Natterer.

Vespertilio Kuhlii, Natterer, 1819. *In* Kuhl, *Deutsch. Flederm.*, n° 13.
Vesperugo Kuhlii, Keyserling et Blasius, 1839. *Wirbelth. Europ.*, p. 47, n° 81. — Blasius, 1857. *Naturg. Säugeth. Deutschl.*, p. 63, fig 41, 42. — Fatio, 1869. *Vert. Suisse*, p. 66, pl. III, fig. 9. — Trouessart, 1879. *In Feuille natur.*, IX, p. 94, pl. II, fig. 9.

Nom vulgaire. — Le Vesperin de Kuhl, etc.

Description. — Mêmes prémolaires; première incisive supérieure unilobée; bord externe de l'oreille à peine concave dans son tiers supérieur; oreillon à bord externe convexe et à bord interne droit; membrane interfémorale et une partie de la membrane de l'aile ornée d'une bordure blanche; d'un brun foncé en dessus, gris brun foncé en dessous.

Dimensions. — Avant-bras, 33; envergure 228 millimètres.

Habitat. — Rare; vit en société, au voisinage des habitations; sort de bonne heure le soir, parcourt d'un vol léger et de hauteur moyenne, les rues des villes et des villages.

Genre VESPERTILIO (Pline), Linné.

1758. *Syst. nat.*, édit. X, p. 31, n° 4.

Caractères. — Narine et front comme celui des *Vesperugo;* oreilles bien séparées, aussi longues ou plus longues que la tête, ovales et minces, avec le bord externe s'insérant brusquement en face du bord interne et près de l'oreillon; oreillon long et étroit, dressé ou courbé en dehors; museau conique et poilu sur la face; ailes larges et courtes; première prémolaire supérieure bien développée.

Vespertilio megapodius (1), Temminck.

Vespertilio megapodius, Temminck, 1841. *Mon. Mamm.*, II, p. 189. — Trouessart, 1879. *In Feuille natur.*, IX, p. 116.
— *Capacinii*, Blasius, 1857. *Naturg. Säugeth. Deutschl.*, p. 101, fig. 68, *a*, *b*. — Trouessart, 1879. *In Feuille natur.*, IX, p. 94, pl. I, fig. 10; pl. II, fig. 10.

Nom vulgaire. — Le Vespertilion de Capacini, etc.

(1) Melius, *megalopodus*.

Description. — Pieds très grands; calcanéum très long, s'étendant jusqu'aux deux tiers de la distance entre le talon et la queue; membrane interfémorale formant un angle aigu vers le milieu de son bord libre; membrane de l'aile insérée au talon; les deux dernières vertères de la queue dépassant la membrane interfémorale; oreillon très aigu à sa partie supérieure qui est recourbée en dehors, son bord interne étant très convexe; d'un brun cendré en dessus, plus fauve en dessous.

Dimensions. — Avant-bras, 38; envergure, 245 millimètres.

Habitat. — Rare; vit accidentellement dans la vallée du Rhône.

Vespertilio dasycnemus, Boie.

Vespertilio dasycneme, Boie, 1825. *In Isis von Oken*, p. 1200. — Blasius, 1857. *Naturg. Säugeth. Deutschl.*, p. 1C8, fig. 69, *a*, *b*. — Trouessart, 1879. *In Feuille natur.*, IX, p. 94, pl. II, fig. 11.

Nom vulgaire. — Le Vespertilion dasycnème.

Description. — Pied, calcanéum et queue comme chez le *Vespertilio megapodius*; oreillon obtus à sa partie supérieure qui est recourbée en dedans, son bord interne étant légèrement concave; d'un brun roux clair en dessus, plus grisâtre en dessous.

Dimensions. — Avant-bras, 48; envergure, 285 millimètres.

Habitat. — Rare; vit accidentellement dans la vallée du Rhône.

Vespertilio Daubentoni, Leisler.

Vespertilio Daubentoni, Leisler, 1819. *In* Kuhl, *Deutsch. Flederm.*, p. 51, n° 11. — Blasius, 1857. *Naturg. Säugeth. Deutschl.*, p. 98, fig. 66, 67. — Fatio, 1869. *Vert. Suisse*, p. 94. — Trouessart, 1879. *In Feuille natur.*, IX, p. 94, 117 et 141, pl. II, fig. 12, et fig. 2 (*in* texte).

Nom vulgaire. — Le Vespertilion de Daubenton, etc.

Description. — Pieds, calcanéum, membrane et queue comme chez le *Vespertilio megapodius*; membrane de l'aile insérée aux métatarsiens; oreillon droit, médiocrement pointu; d'un gris brun en dessus, blanchâtre en dessous.

Dimensions. — Avant-bras, 38; envergure, 245 millimètres.

Habitat. — Assez rare; dans les troncs d'arbres, auprès des eaux; ne sort que lorsque l'obscurité est profonde et par le beau temps, parcourant d'un vol léger et saccadé, les bords des cours d'eau.

Vespertilio emarginatus, E. Geoffroy.

Vespertilio emarginatus, E. Geoffroy, 1806. *In Ann. Museum*, VIII, p. 198. — Trouessart, 1879. *In Feuille natur.*, IX, p. 95, pl. II, fig. 13.
— *ciliatus*, Blasius, 1853. *In Wiegm. Arch.*, XIX, I, p. 288. — 1857. *Naturg. Säugeth Deutschl.*, p. 91, fig. 62, 65.

Nom vulgaire. — Le Vespertilion émarginé, etc.

Description. — Pieds moyens; calcanéum assez long, mais ne s'étendant que jusqu'à la moitié de la distance entre le talon et la queue; membrane interfémorale formant un angle obtus dans le milieu de son bord libre; queue complètement enveloppée dans la membrane interfémorale; ou la dépassant seulement de son extrême pointe; oreillon effilé par en haut, à pointe aigüe et recourbée en dehors; oreilles presque aussi longues que la tête, ayant son bord externe profondément échancré à angle droit; l'extrémité des poils d'un brun roux clair en dessous.

Dimensions. — Avant-bras, 43; envergure 280 millimètres.

Habitat. — Rare, vient accidentellement jusque dans nos régions.

Vespertilio Nattereri, Kuhl.

Verpertilio Nattereri, Kuhl, 1819. *Deutsch. Flederm.*, p. 33, n° 4. — Blasius, 1857. *Naturg. Säugeth. Deutschl.*, p. 88, fig. 60, 61. — Fatio, 1869. *Vert. Suisse*, p. 87. — Trouessart, 1879. *In Feuille natur.*, IX, p. 95, pl. I, fig. 11; pl. II, fig. 14.

Nom vulgaire. — Le Vespertilion de Natterer, etc.

Description. — Pieds, calcanéum et membrane interfémorale comme chez le *Vespertilio emarginatus;* oreilles plus longues que la tête, à peine échancrées sur le bord externe; queue aussi longue que la tête et le corps; bord libre de la membrane interfémorale frangé de poils raides; d'un brun clair en dessus, blanchâtre en dessous.

Dimensions. — Avant-bras, 40; envergure, 270 millimètres.

Habitat. — Peu commun; vit rarement en grande compagnie; ordinairement caché dans les troncs d'arbres et les vieux bâtiments; se rencontre tard le soir et vole lentement à une hauteur moyenne, au travers des avenues, le long des chemins, tournoyant volontiers sur la lisière des bois et autour des habitations.

Vespertilio Bechsteini, LEISLER.

Vespertilio Bechsteinii, Leisler, 1819. *In* Kuhl, *Deutsch. Flederm.*, p. 22, n° 2. — Blasius, 1857. *Naturg. Säugeth. Deutschl.*, p. 85, fig. 58, 59. — Trouessart, 1879. *In Feuille natur.*, IX, p. 95, pl. I, fig. 12 ; pl. II, fig. 15.

NOM VULGAIRE. — Le Vespertilion de Bechstein, etc.

DESCRIPTION. — Pied, calcanéum, membrane interfémorale et oreille, comme chez le *Vespertilio emarginatus*; bord libre de la membrane nu et sans poil; queue plus courte que la tête et le corps; d'un gris brun en dessus, un peu plus clair en dessous.

DIMENSIONS. — Avant-bras, 42; envergure, 270 millimètres.

HABITAT. — Cette forme septentrionale vit accidentellement dans nos pays.

Vespertilio murinus, LINNÉ.

Vespertilio murinus, Linné, 1758. *Syst. nat.*, édit. X, p. 32, n° 7. — Blasius, 1857. *Naturg. Säugeth. Deutschl.*, p. 82, fig. 56, 57. — Fatio, 1869. *Vert. Suisse*, p. 84, pl. III, fig. 14. — Trouessart, 1879. *In Feuille natur.*, IX, p. 95, pl. II, fig. 16.

NOM VULGAIRE. — Le Vespertilion murin; le Murin; etc.

DIMENSIONS. — Pied, calcanéum, membrane interfémorale et queue comme chez le *Vespertilio emarginatus* ; oreillon droit à pointe subaiguë ou obtuse; oreille beaucoup plus longue que la tête, à peine échancrée sur son bord externe, à son tiers supérieur ; d'un brun clair ou grisâtre en dessus, blanchâtre en dessous.

DIMENSIONS. — Avant-bras, 60; envergure, 385 millimètres.

HABITAT. — Assez commun ; vit en société dans les grottes et les vieux bâtiments ; sort rarement et isolément en plein jour; paraît tard le soir et vole lentement parfois à de grandes hauteurs, autour des habitations.

ORIGINE. — Des ossements de *Vespertilio murinus* ont été signalés dans les dépôts quaternaires de la partie centrale du bassin du Rhône.

Vespertilio mystacinus, LEISLER.

Vespertilio mystacinus, Leisler, 1819. *In* Kuhl, *Deutsch. Flederm.*, p. 58, n° 14. — Blasius, 1857. *Naturg. Säugeth. Deutschl.*, p. 96, fig. 64, 65. — Fatio, 1869. *Vert. Suisse*, p. 90, pl. II. — Trouessart, 1879. *In Feuille natur.*, p. 95, pl. II, fig. 17.

NOM VULGAIRE. — Le Vespertilion Moustac ; le Moustac ; etc.

DESCRIPTION. — Pied, calcanéum, membrane interfémorale et queue comme chez le *Vespertilio emarginatus ;* oreillon droit à pointe subaiguë ou obtuse ; oreille de la longueur de la tête, profondément échancrée sur son bord externe, à sa moitié supérieure; la partie inférieure en dessous de l'échancrure concave et légèrement arrondie ; d'un brun plus ou moins brillant en dessus, d'un gris jaunâtre en dessous.

DIMENSIONS. — Avant-bras, 34; envergure 218 millimètres.

VARIÉTÉS. — De coloration très variable. Fatio a figuré une *var. nigricans* qui est de taille plus petite que le type.

HABITAT. — Assez commun; vit en nombreuse compagnie dans les bâtiments et surtout dans les troncs d'arbres ; sort de bonne heure dans la soirée, chasse à une hauteur moyenne, avec un vol assez léger et saccadé, à la lisière des bois, dans les avenues, autour des habitations et jusqu'au dessus des eaux qu'il rase à la façon des hirondelles.

Genre MINIOPTERUS, Bonaparte.

1837. *Fauna Italia*, fasc. XXI.

CARACTÈRES. — Sommet de la tête considérablement élevé au-dessus du museau ; incisives supérieures séparées des canines, aussi bien qu'entre elles, en avant ; oreilles comme celles du *Vesperugo* ; ailes longues et étroites.

Miniopterus Schreibersi, NATTERER.

Vespertilio Schreibersii, Natterer, 1819. *In* Kuhl, *Deutschl. Flederm.*, p. 41, n° 7.
Miniopterus Schreibersii, Keysserling et Blasius, 1839. *Wirbellh. Europ.*, p. 4, n° 79. — Blasius, 1857. *Naturg. Säugeth. Deutschl.*, p. 46, fig. 25 à 29. — Fatio, 1869. *Vert. Suisse*, p. 50, pl. I. — Trouessart, 1879. *In Feuille natur.* — IX, p. 95, pl. I fig. 13 ; pl. II, fig. 18.

NOM VULGAIRE. — Le Minioptère ; etc.

Description. — Ailes très longues, sinueuses et étroites; oreilles très courtes, triangulaires; première phalange du deuxième ou plus long doigt de l'aile très courte; queue aussi longue que la tête et le corps, complètement enveloppée dans la membrane interfémorale; d'un brun cendré terne en dessus, plus grisâtre en dessous.

Dimensions: — Avant-bras, 44; envergure, 300 millimètres.

Habitat. — Peu commun; vit en compagnie dans les grottes et les souterrains; sort de bonne heure dans la soirée et parcourt d'un vol élevé, prompt et léger les milieux sauvages et peu habités.

INSECTIVORA

Dents molaires hérissées de pointes; canines peu prononcées; doigts terminés par des ongles, série dentaire complète.

TALPIDÆ

Pieds antérieurs très gros, en forme de larges palettes, développés pour le creusement de la terre; corps couvert de poils; oreilles et yeux à peine visibles.

Genre TALPA, Linné.

1758. *Syst. nat.*, édit. X, p. 52, n° 19.

Caractères. — Quarante-quatre dents; canines prédominantes; arcades zygomatiques complètes; 5 doigts distincts; museau en boutoir; queue courte.

Talpa europæa, Linné.

Talpa europæa, Linné, 1758. *Syst. nat.*, édit. X, p. 52. — Blasius, 1857. *Naturg. Säugeth. Deutschl.*, p. 107, fig. 70 à 72. — Fatio, 1869. *Vert. Suisse*, p. 109, pl. VI, fig. 1 et 4.

Nom vulgaire. — La Taupe, le Darbon.

Description. — Pied antérieur en palette, plus large que long sans les ongles; museau presque aussi large que long depuis les incisives; peau légèrement fendue devant l'œil; d'un brun noirâtre ardoisé, comme velouté, plus foncé sur les deux faces.

Dimension. — Longueur moyenne, 160 à 170 millimètres.

Habitat. — Très commun; vit sous terre isolé ou apparié, ne sortant que très rarement; creuse des galeries profondes dans le sol se traduisant à la surface par de petits monticules; détruit les vers et les insectes et ne coupe les racines que lorsqu'elles sont sur son passage.

Variétés. — La couleur du pelage est assez variable; le Muséum de Lyon possède un individu dont la robe est complètement blanche.

Origine. — Des ossements de *Talpa* ont été rencontrés dans un grand nombre de gisements quaternaires de la région; ils ne diffèrent de ceux de l'espèce actuellement vivante que par une taille plus grande et plus trapue.

ERINACIDÆ

Pieds antérieurs construits principalement pour la marche; corps plus ou moins couvert de piquants; oreilles et yeux moyens.

Genre ERINACEUS (Pline), Linné.

1758. *Syst. nat.*, édit. X, p. 52, n° 18.

Caractères. — Trente-six dents; incisives médianes prédominantes; arcades zygomatiques complètes; museau en boutoir; queue courte.

Erinaceus europæus, Linné,

Erinaceus europæus, Linné, 1758. *Syst. nat.*, édit. X, p. 52. — Blasius, 1857. *Naturg. Säugeth. Deutschl.*, p. 153, fig. 97, 98. — Fatio, 1869. *Vert. Suisse*, p. 144, pl. VI, fig. 3 et 6.

Nom vulgaire. — Le Hérisson; l'Urisson; l'Urson.

Description. — Front presque entièrement dégagé des piquants;

oreilles plus petites que le tiers de la tête; cinq doigts derrière; queue égale à la longueur du pied antérieur; brunâtre en dessus, roussâtre en dessous.

DIMENSION. — Longueur moyenne totale, 280 à 300 millimètres.

VARIÉTÉS. — Dans le Lyonnais comme en Suisse (1), les paysans distinguent deux sortes de Hérisson d'après les formes de leur nez; ils prétendent reconnaître un Hérisson à groin de Cochon et un Hérisson à nez de Chien; le premier excellent à manger et le second détestable; d'après Fatio cette différence est purement basée sur l'état d'embonpoint de l'animal.

HABITAT. — Commun, presque partout (2); passe l'hiver roulé en boule et endormi dans des trous peu profonds garnis d'herbes sèches; se cache le jour dans les buissons pour chasser les insectes, les lézards, les serpents, les souris pendant la nuit.

ORIGINE. — Le Hérisson vivait dans le bassin du Rhône à l'époque quaternaire.

SORICIDÆ

Pieds bâtis pour la marche, la nage ou le saut; oreilles et yeux petits, mais toujours bien visibles; pas d'arcades zygomatiques; corps couvert de poils.

Genre CROSSOPUS, Wagler.

1832. *In Isis von Oken*, p. 275.

CARACTÈRES. — Maxillaire supérieur prolongé en arrière en corne pointue; boîte crânienne légèrement bombée; trente dents, rouges à l'extrémité; incisives inférieures non dentelées; queue et pieds pourvus de longs poils raides en guise de nageoires.

(1) Fatio, 1869. *Vert. Suisse*, p. 145.

(2) Brehm (*La vie des Anim. illustrés*, t. I, p. 725), reproduit un article du *Salut public* de Lyon, d'après lequel un bohémien aurait pris vingt-deux Hérissons en une seule nuit, de Lozanne à l'Arbresle sur un parcours de six kilomètres seulement.

Crossopus fodiens, Pallas.

Sorex fodiens, Pallas, 1756. *Tab. ær. inc.*
Crossopus fodiens, stagnalis, musculus, psilurus, Wagler, 1832. *In Isis von Oken*, p. 275.
— *fodiens*, Blasius, 1857. *Naturg. Säugeth. Deutschl.*, p. 120, fig. 77 à 80. — Fatio, 1869. *Vert. Suisse*, p. 121.

Nom vulgaire. — La Musaraigne; le Museret.

Description. — Oreilles cachées sous le poil ; queue de la longueur du corps, avec une rame pileuse au-dessous ; poils longs et raides sur les côtés des pieds ; d'un noir plus ou moins profond en dessus, d'un blanc jaunâtre en dessous.

Dimension. — Longueur totale moyenne, 130 à 150 millimètres.

Variétés. — Sa taille et sa coloration ont donné naissance à des variétés nombreuses confondues parfois comme espèces. Quelques sujets, dit Fatio, présentent des taches noirâtres en dessous, d'autres possèdent des touffes blanches près des yeux.

Habitat. — Peu commun; au bord des cours d'eau, des étangs, des marais, se creusant des garennes ou profitant de celles déjà construites par les Taupes; plonge et nage avec prestesse et commet ainsi de sérieux dégâts à la pisciculture; chasse aussi bien le jour que la nuit.

Genre SOREX (Pline), Linné.

1758. *Syst. nat.*, édit. X, p. 53, nº 20.

Caractères. — Boîte cranienne déprimée; maxillaire supérieur prolongé en arrière en un cornet pointu ; trente-deux dents, rouges à l'extrémité; incisives inférieures dentelées; pas de poils raides sur les côtés des pieds; queue épaisse et couverte de poils à peu près égaux.

Sorex vulgaris, Linné.

Sorex vulgaris, Linné, 1754. *Mus. Adolph. Frid.*, p. 10. — Blasius, 1857. *Naturg. Säugeth. Deutschl.*, p. 129, fig. 83 et 86. — Fatio, 1869. *Vert. Suisse*, p. 125, pl. IV, pl. VI, fig. 2.

Nom vulgaire. — Le Carrelet.

Description. — Dents colorées en brun rouge à l'extrémité ; première intermédiaire inférieure unilobée; museau pointu; oreilles petites et cachées dans le poil; queue épaisse, un peu plus courte que le corps et couverte de poils égaux; d'un brun roussâtre plus ou moins foncé ou noirâtre en dessus, blanchâtre, jaunâtre ou grisâtre en dessous.

Dimension. — Longueur totale moyenne, 120 à 140 millimètres.

Variétés. — Pelage de coloration très variable; Fatio a signalé deux curieuses variétés : la *var. nuda*, d'un brun rouge en dessus et jaunâtre en dessous, avec la queue et les pieds écailleux, sans trace de poils; et la *var. nigra*, de coloration très foncée.

Habitat. — Commun ; se glisse sous les feuilles sèches et les détritus, ou sous la terre boursouflée des rigoles desséchées; chasse en plein jour les insectes, les lézards, les petits animaux, le long des haies et des fossés.

Origine. — Des ossements de *Sorex* fossiles ont été signalés dans les dépôts quaternaires de la partie centrale du bassin du Rhône.

Sorex alpinus, Schinz.

Sorex alpinus, Schinz, 1836. *In* Froëbel und Heer, *Mittheil.*, I, *Neue Denkschr.*, I, p. 13, fig. 1. — Blasius, 1857. *Naturg. Säugeth. Deutschl.*, p. 126, fig. 82 et 85. — Fatio, 1869. *Vert. Suisse*, p. 128.

Nom vulgaire. — La Musaraigne des Alpes.

Description. — Extrémité des dents colorée en brun rouge; première intermédiaire inférieure bilobée; museau pointu; oreilles moyennes, cachées sous le pelage; queue plus longue que le corps et couverte de poils égaux; d'un gris ardoisé plus ou moins foncé sur les deux faces.

Dimension. — Longueur totale moyenne, 140 à 150 millimètres.

Habitat. — Vit dans les forêts et s'établit volontiers dans les buissons qui bordent les ruisseaux et les torrents ; a été signalé dans le massif de la Grande-Chartreuse.

Sorex pygmæus, Pallas.

Sorex pygmæus, Pallas, 1776. *Zoogr. ross. Asiat.*, I, p. 134. — Blasius, 1857. *Naturg. Säugeth. Deutschl.*, p. 187, fig. 81, 84, 87 et 88. — Fatio, 1869. *Vert. Suisse*, p. 130.

Nom vulgaire. — La Musaraigne pygmée.

Description. -- Extrémité des dents colorée en brun rouge; première intermédiaire inférieure unilobée; museau pointu; oreilles dépassant le poil; queue un peu plus longue que le corps sans la tête et couverte de poils assez longs; fauve un peu clair en dessus, d'un roux pâle en dessous.

Dimensions. -- Longueur totale moyenne, 90 millimètres.

Habitat. — Dans les milieux boisés, caché sous les haies et les buissons; rencontré à plusieurs reprises dans le massif de la Grande-Chartreuse.

Genre LEUCODON, Fatio.

Caractères. -- Boîte cranienne très développée; maxillaire supérieur relevé en courbe convexe le long des molaires et non prolongé en arrière; 28 à 30 dents toujours blanches; incisives inférieures plus ou moins dentelées; pas de poils raides sur les côtés des pieds; queue conique et ornée de grands poils épars et divergents.

Leucodon araneus, Schreber.

Sorex araneus, Schreber, 1775. *Säugeth.*, III, p. 372.
Crocidura araneus, Blasius, 1853. *Naturg. Säugeth. Deutschl.*, p. 144, fig. 91 et 94.
Leucodon araneus, Fatio, 1869. *Vert. Suisse*, p. 135, pl. V.

Nom vulgaire. — La Leucode aranivore, la Musette.

Description. — Première intermédiaire supérieure aussi haute que la pointe supérieure de l'incisive; museau très pointu; oreilles grandes et dépassant le pelage environnant; queue à peu près de la longueur du corps sans la tête, conique, étranglée à la base et parsemée de longs poils divergents d'un gris brunâtre en dessus, cendré sale en dessous.

Dimension. — Longueur totale moyenne, 110 à 115 millimètres.

Variétés. -- On rencontre parfois des individus dont le dessus est d'un brun très foncé, tandis que d'autres ont au contraire le dessous jaunâtre ou même presque blanc.

Habitat. — Peu commun; dans les prairies et les jardins pendant la belle saison, sortant le jour ou la nuit pour chasser les insectes et les petits animaux, se cachant dans des trous peu profonds; se retire, lors de la mauvaise saison, dans les granges et dans les étables.

Leucodon micrurus, FATIO.

Sorex leucodon, Hermann, 1778. *In* Zimmerman, *Geogr. Gesch.*, II, p. 382.
Crocidura leucodon, Wagler, 1832. *In Isis von Oken*, p. 275. — Blasius, 1857. *Naturg. Säugeth. Deutschl.*, p. 140, fig. 90 et 93.
Leucodon microurus, Fatio, 1869. *Vert. Suisse*, p. 137. pl. V (1).

NOM VULGAIRE. — La Leucode courte-queue.

DESCRIPTION. — Première intermédiaire supérieure beaucoup plus basse que la pointe majeure de l'incisive; museau pointu; oreilles assez grandes, dépassant le pelage; queue conique et bicolore, égale environ à la moitié du corps, parsemée de poils divergents; d'un brun marron ou noirâtre en dessus, blanc en dessous et sur les côtés.

DIMENSION. — Longueur totale moyenne, 100 à 110 millimètres.

HABITAT. — Rare; dans les champs et les prairies, chassant les insectes et les petits vertébrés, s'approchant moins volontiers des habitations que l'espèce précédente.

CARNIVORA

Dents molaires tranchantes ou tuberculeuses; canines très développées; doigts terminés par des ongles.

FELIDÆ

Crâne fort et bombé; mâchoires courtes, $\frac{4}{3}$ molaires, dont une seule tuberculeuse dans le haut; incisives inférieures alignées; digitigrades; 5 doigts devant et 4 derrière.

(1) Melius *micrurus*.

Genre FELIS (Pline), Linné.

1758. *Syst. nat.*, édit. X, p. 41, n° 12.

Caractères. — Frontaux très larges; naseaux courts; dent tuberculeuse unique, très petite; ongles rétractiles; oreilles plutôt courtes; membres forts.

Felis catus, Linné.

Felis catus, Linné, 1758. *Syst. Nat.*, édit. X, p. 42, n° 6. — Blasius, 1857. *Naturg. Säugeth. Deutschl.*, p. 162, fig. 100 à 103. — Fatio, 1869. *Vert. Suisse*, p. 272, pl. VIII, fig. 3.

Nom vulgaire. — Le Chat sauvage.

Description. — Trente dents; oreilles à peu près égales à la moitié du pied postérieur; queue très fournie, égale sur toute sa longueur, mesurant environ la moitié du corps, et terminée par un large anneau noir; d'un gris fauve ou brunâtre en dessus, avec des lignes et des taches noirâtres, fauve clair en dessous.

Dimension. — Longueur totale moyenne, 1m,000 à 1m,100.

Variétés. — Chez cette espèce, les jeunes sont en général plus fauves que leurs parents, avec des bandes et des taches moins régulières et moins foncées ou plus brunes. — On rencontre parfois, dans les bois, des métis de Chats sauvages et de Chats domestiques; ils sont souvent tachetés de blanc; on les confond fréquemment avec le véritable Chat sauvage.

Habitat. — Cette espèce est devenue très rare; on la trouve encore parfois dans les bois et les forêts, s'établissant dans les troncs d'arbres ou les rochers, volontiers à proximité des eaux, faisant, le jour comme la nuit, la chasse aux mammifères et aux oiseaux; il y a quelques années on en a tué un beau spécimen dans les bois de Francheville; un autre a été trouvé dans les bois de Lamure.

Origine. — On a rencontré des ossements de *Felis catus* dans les formations quaternaires de la partie centrale du bassin du Rhône.

Felis domestica, Brisson.

Felis domestica, Brisson, 1756. *Regn. Anim.*, p. 264, I. — Blasius, 1857. *Naturg. Säugeth. Deutschl.*, p. 167, fig. 104, 105.

Nom vulgaire. — Le Chat domestique; Miaro, Minet, Matou.

Caractères. — Se distingue du *Felis catus :* par un corps moins vigoureux, d'un tiers plus petit; par ses membres, ses pieds et ses ongles plus grêles, effilés en pointe; par son crâne plus aplati; par ses intestins cinq fois plus longs que le corps, au lieu de trois fois; par son pelage moins long, moins fourré et moins laineux en dessous.

Dimension. — Longueur totale moyenne, 720 à 870 millimètres.

Variétés. — D'après Brehm, le pelage le plus habituel du Chat domestique de nos pays varie dans les gammes suivantes : noir uniforme avec une étoile blanche à la poitrine; blanc absolu; fauve pâle ou fauve rouge; gris foncé tigré de la même couleur; gris bleu uniforme; gris clair avec rayures foncées. Il existe également des Chats à trois couleurs, avec de grandes taches blanches et fauves, ou bien fauves et noires, ou tout à fait grises; les individus à trois couleurs sont toujours des femelles.

Habitat. — Très commun dans toutes les habitations, servant à chasser ou tout au moins à éloigner les rats et les souris.

CANIDÆ

Crâne étroit; maxillaire allongé; des tubercules sur deux molaires à chaque machoire; incisives inférieures alignées; digitigrades; 5 doigts devant et 4 derrière.

Genre CANIS (Pline), Linné.

1758. *Syst. nat.*, édit. X, p. 38.

Caractères. — Crâne allongé; face acuminée : $\frac{6}{7}$ molaires; ongles non rétractiles; oreilles bien développées, membres longs; queue assez grande.

Canis lupus, Linné.

Canis lupus, Linné, 1758. *Syst. nat.*, édit. X, p. 39, n° 2. — Blasius, 1857. *Naturg. Säugeth. Deutschl.*, p. 180, fig. 108, 109 et 111. — Fatio, 1869. *Vert. Suisse*, p. 286.
Lupus vulgaris, Gray, 1869. *Cat. Carn. Brit. Mus.*, p. 180.

Nom vulgaire. — Le Loup et la Louve ; le Vesso, le Lou, la Lova.

Description. — Oreille pointue, noirâtre sur le bord et mesurant, entre le tiers et la moitié de la tête ; queue bien touffue, égale environ au tiers de la longueur du corps ; d'un gris jaunâtre mâchuré en dessus, plus clair et unicolore en dessous.

Dimension. — Longueur totale moyenne, 1m,500 à 1m,800.

Habitat. — Se tient caché, pendant le jour, dans les bois, au milieu des fourrés les plus épais, mais sans se terrer. Il y a une trentaine d'années, le Loup était commun dans les bois du Beaujolais, à Saint-Didier, Ouroux, Chenelette, etc., dans la chaîne du Lyonnais, le massif de Tarare, etc. ; il tend aujourd'hui à devenir de plus en plus rare. Depuis six ou huit ans, il n'a pas été vu de Loups du côté de Tarare et d'Amplepuis ; il en existe encore cependant dans les montagnes du Lyonnais et du Beaujolais ; chaque année d'hiver long et rigoureux, on en signale quelques-uns ; en 1880, trois loups ont habité Avenas et descendaient égorger des volailles et des moutons jusqu'à Quincié ; il y a peu de temps, une louve et ses trois petits ont été tués au-dessus de Vaugneray.

Origine. — Le Loup vivait également à l'époque quaternaire dans nos régions ; on en a retrouvé des ossements dans les dépôts du Lehm, dans la caverne de Poleymieux au Mont-d'Or, et à Solutré (Saône-et-Loire)

Canis familiaris, Linné.

Canis familiaris, Linné, 1758. *Syst. nat.*, édit. X, p. 38, n° 1. — Blasius, 1857. *Naturg. Säugeth. Deutschl.*, p. 186.

Nom vulgaire. — Le Chien domestique.

Observations. — Il ne nous est pas possible de nous étendre ici sur les innombrables races domestiques du Chien, le nombre en est trop considérable et le sujet est sans intérêt. Bornons-nous à citer : les lévriers, les mâtins, les molosses, les dogues, les bassets, les braques, les épagneuls, les griffons, les barbets, les chiens de bergers, etc., tous plus ou moins communs et répandus partout, rarement de race pure, le plus souvent croisés, plus ou moins appropriés aux nombreux et utiles services que l'homme est en droit d'attendre d'eux.

Canis vulpes, Linné.

Canis vulpes, Linné, 1758. *Syst. nat.*, édit. X, p. 40, n° 4. — Blasius, 1859. *Naturg. Säugeth. Deutschl*, p. 191, fig. 114. — Fatio, 1869. *Vert. Suisse*, p. 201.
Vulpes vulgaris, Gray, 1869. *Cat. Carn. Brit. Mus.*, p. 202.

Nom vulgaire. — Le Renard, le Reno.

Description. — Oreilles pointues, égales à la moitié de la tête et noires par derrière; queue ronde, très touffue, blanche ou noire au bout et plus longue, sans le poil, que la moitié du corps; d'un fauve plus ou moins rougeâtre ou grisâtre en dessus, blanc gris ou noirâtre en dessous.

Dimension. — Longueur totale moyenne, $1^m,230$ à $1^m,340$.

Variétés. — Le pelage du Renard varie beaucoup en toutes saisons, et passe du roux au brun et même au gris, avec des parties plus ou moins sombres en dessous.

Habitat. — Dans les bois et les broussailles, se creusant des terriers dans le sol ou se logeant dans les anfractuosités naturelles; sort surtout à la tombée de la nuit pour chasser. On le rencontre assez communément à Lamure, Tarare, Amplepuis, dans le Beaujolais, les bois de Monsols, d'Ajoux, de Saint-Igny-de-Vers, de Poule, des Écharmeaux, à Montluel, Givors, Montagny, etc.

Origine. — Vivait à l'époque quaternaire et solutréenne; on en a retrouvé des ossements dans la caverne de Poleymieux au Mont-d'Or et à Solutré (Saône-et-Loire).

MUSTELLIDÆ

Crâne ovalaire, plus ou moins allongé, fort dans la partie postérieure, court du côté de la face; une molaire tuberculeuse à chaque mâchoire; deuxième et cinquième incisives reculées par la bas ; 5 doigts devant et derrière.

Genre MELES (Pline), Linné.

1735. *Syst. nat.*, première édit.

Caractères. — Crâne comprimé et voûté, avec une forte crête occipito-pariétale ; $\frac{5}{6}$ molaires dont $\frac{3}{4}$ prémolaires ; la tuberculeuse supérieure beaucoup plus développée que la carnassière ; pieds allongés et nus en dessous, avec 5 doigts libres ornés d'ongles non rétractiles, longs et légèrement arqués, les postérieurs reposant sur toute la plante ; oreilles moyennes ; queue courte.

Meles taxus, Schreber.

Ursus meles, Linné. 1758. *Syst. nat.*, édit., X, p. 48, n° 3.
Ursus taxus, Schreber, 1775-92. *Säugeth.*, III, pl. CXLII.
Meles taxus, Blasius, 1857. *Naturg. Säugeth. Deutschl.*, p. 204, fig. 117, 118. — Fatio, 1869. *Vert. Suisse*, p. 308, pl. VIII, fig. 7.

Nom vulgaire. — Le Blaireau ; le Taissoun, le Taisson.

Description. — Museau en forme de groin ; queue courte et bien velue ; plante des pieds nue ; ongles longs et arqués ; oreilles égales environ au tiers de la tête ; d'un gris noirâtre en dessus, plus clair sur les flancs et noirâtre en dessous ; tête blanche, avec une large bande noire de chaque côté.

Dimension. — Longueur totale moyenne, 940 à 950 millimètres.

Habitat. — Assez rare ; dans les bois, ne sort que la nuit, se cache le jour dans un terrier ; fait la chasse aux petits reptiles, aux serpents et aux petits mammifères.

Genre MARTES (Martial), Cuvier.

1797. *Tabl. élément.*

Caractères. — Crâne allongé, droit et élargi en arrière, busqué en avant et muni d'une crête occipito-pariétale très déprimée ; $\frac{5}{6}$ molaires dont $\frac{3}{4}$ prémolaires ; la tuberculeuse supérieure transverse à peu près égale en développement à la carnassière; pieds arrondis et velus en dessous; les postérieurs ne reposant généralement que par les doigts sur le sol; ongles acérés; oreilles triangulaires et moyennes; queue longue et touflue.

Martes abietum, Albert le Grand.

Martarus abietum, Albert le Grand, 1651. *De anim.*, lib. XXII, fol. 181.
Mustella martes, Linné, 1758. *Syst. nat.*, édit. X, p. 46, n° 5. — Blasius, 1857. *Naturg Säugeth. Deutschl.*, p. 213, fig. 121, 122.
Martes abietum, Fatio, 1869. *Vert. Suisse*, p. 315, pl. VIII, fig. 8 et 9. — Gray, 1869. *Cat. Carn. Brit. Mus.*, p. 81.

Nom vulgaire. — La Mar e.

Description. — Front comparativement étroit; troisième prémolaire supérieure concave au bord externe; oreille mesurant entre le tiers et la moitié de la tête; queue très touffue, d'un pelage inégal, un peu déprimée à la base, et égale environ à la moitié du corps, sans le poil; d'un brun plus ou moins rougeâtre, avec une grande tache jaune à la gorge, sous le cou et jusque sur le devant de la poitrine, les extrémités noirâtres.

Dimension. — Longueur totale moyenne, 740 à 760 millimètres.

Variétés. — Il existe des variétés jaunes et blanches.

Habitat. — Très rare; vit dans des troncs d'arbres ou des fissures de rochers, parfois dans de vieux nids de Corbeaux ou de Pies; chasse surtout la nuit, dans les sites élevés du Beaujolais.

Martes foina, Brisson.

Mustella foina, Brisson, 1756. *Reg. Anim.*, p. 276, n° 7. — Blasius, 1857. *Naturg. Säugeth. Deutschl.*, p. 217, fig. 123.
Martes foina, Nilsson, 1820. *Skand. faun.*, p. 167. — Fatio, 1869. *Vert. Suisse*, p. 318, pl. VIII, fig. 8. — Gray, 1869. *Cat. Carn. Brit. Mus.*, p. 83.

Nom vulgaire. — La Fouine; la Faina, le Foin, la Fouène; sauvagine.

Description. — Front comparativement large; troisième prémolaire supérieure convexe au bord externe; oreilles mesurant entre le tiers et la moitié de la tête; queue arrondie et très touffue, d'un pelage assez égal et mesurant, sans poil, la moitié du corps ou un peu plus; d'un gris brun plus ou moins rougeâtre, avec une tache blanche à la gorge et devant le cou; les extrémités noirâtres.

DIMENSION. — Longueur totale moyenne, 700 à 750 millimètres.

VARIÉTÉS. — Le Muséum de Lyon possède un bel individu complètement blanc, provenant de la région Lyonnaise.

HABITAT. — Commun; dans les bois et dans les greniers, dans les combles des habitations; chasse le jour et la nuit, jusque dans les basses-cours, laissant après son passage une odeur musquée. On le rencontre à Lyon au parc de la Tête-d'Or et jusque sur le cours d'Herbouville.

ORIGINE. — Quelques rares ossements ont été trouvés dans les dépôts quaternaires les plus récents de nos régions.

Genre FOETORIUS, Keysserling et Blasius.

1840. *Die Wirbelth. Europ.*, p. 68.

CARACTÈRES. — Boîte crânienne allongée; face courte et busquée; $\frac{4}{5}$ molaires dont $\frac{2}{3}$ prémolaires; la tuberculeuse supérieure transverse et moins développée que la carnassière; pieds arrondis et velus en dessous, les postérieurs ne reposant généralement que par les doigts sur le sol; oreille triangulaire et plutôt courte; queue de forme et de dimension variables.

Foetorius putorius, LINNÉ.

Mustella putorius, Linné, 1758. *Syst. nat.*, édit. X, p. 46, n° 6.
Foetorius putorius, Keysserling et Blasius, 1840. *Wirbelth.*, p. 68, n° 143. — Blasius, 1857. *Naturg. Säugeth. Deutschl.*, p. 222, fig. 124, 126. — Fatio, 1869. *Vert. Suisse*, p. 324.
Putorius fœtidus, Gray, 1869. *Cat. Carn. Brit. Mus.*, p. 87.

NOM VULGAIRE. — Le Putois; le Ptu; sauvagine.

DESCRIPTION. — La deuxième prémolaire supérieure, formant un angle presque droit avec la précédente; oreille bordée d'une teinte claire et égale environ au tiers de la tête; pieds postérieurs beaucoup plus courts que la tête; queue légèrement plus courte que la moitié du corps et bien touffue; brun en dessus, noirâtre en-dessous et sur les membres, la face maculée de blanchâtre ou de jaunâtre.

Dimension. — Longueur totale moyenne, 590 à 600 millimètres.

Variétés. — De coloration assez variable passant du brun foncé au brun roux en dessus.

Habitat. — Commun; vit dans les bois et les habitations, s'établissant dans les trous souterrains de quelque rongeur, dans les amas de pierres ou de bois, dans les branchages ou dans les fenils; sort de préférence la nuit pour chasser les mammifères, les oiseaux ou les reptiles.

Origine. — On retrouve le Putois dans la faune de Solutré (Saône-et-Loire).

Foetorius furo, Linné.

Mustella furo, Linné, 1758. *Syst. nat.*, édit. X, p. 46, n° 7.
Foetorius furo, Keysserling et Blasius, 1840. *Wirbelth.*, p. 68, n° 144.

Nom vulgaire. — Le Furet; sauvagine.

Observations. — Le Furet n'est connu qu'à l'état domestique; les naturalistes ne sont point d'accord pour savoir si c'est une espèce à part ou simplement une variété du *Fœtorius putorius*. Il en diffère par sa taille un peu plus petite, son galbe plus grêle et plus élancé, sa tête plus acuminée; son pelage varie du jaune clair au blanc, avec des yeux rouges.

Habitat. — On l'élève en cage sur une litière de foin ou de paille, le nourrissant de pain et de lait, ou de chair fraîche; on s'en sert pour la chasse au Lapin. Il peut être avantageusement utilisé pour détruire les reptiles.

Foetorius erminea, Linné.

Mustella erminea, Linné, 1758. *Syst. nat.*, édit. X, p. 46, n° 9. — Gray, 1869. *Cat. Carn Brit. Mus.*, p. 88.
Foetorius erminea, Keysserling et Blasius, 1840. *Wirbelth. Europ.*, p. 69, n° 145. — Blasius, 1857. *Naturg. Säugeth. Deutschl.*, p. 228. — Fatio, 1869. *Vert. Suisse*, p. 328.

Nom vulgaire. — L'Hermine.

Description. — Oreilles un peu plus courtes que la moitié de la tête; pied postérieur mesurant environ les trois quarts du membre antérieur depuis le coude; queue, avec le poil, à peu près égale à la moitié du corps et pourvue, à l'extrémité, d'une forte touffe de poils noirs; d'un brun roux en été, blanc en hiver en dessus, et d'un blanc jaunâtre en dessous.

DIMENSION. — Longueur totale moyenne, 340 à 450 millimètres.

HABITAT. — Rare; vit dans des trous souterrains, dans les fentes de rochers ou de vieilles masures; rôde dans les champs à la lisière des bois; chasseur de petits animaux, mammifères, animaux ou reptiles.

Foetorius vulgaris, BRISSON.

Mustella vulgaris, Brisson, 1756. *Regn. Anim.*, p. 241, n° 1. — Gray, 1869. *Cat. Carn. Brit. Mus.*, p. 90.
Fœtoria vulgaris, Keysserling et Blasius, 1840. *Wirbelth. Europ.*, p. 69, n° 147. — Blasius, 1857. *Naturg. Säugeth. Deutschl.*, p. 231.
Putorius pusillus, Audubon et Bachman, 1841. *New. Spec. Quad.*, II, 100, 64. — Fatio, 1869. *Vert. Suisse*, p. 332.

NOM VULGAIRE. — La Belette; la Beletta.

DESCRIPTION. — Oreille un peu plus grande que le tiers de la tête; pied postérieur égal aux deux tiers environ du membre antérieur; queue égale à peu près au tiers de la longueur du corps, unicolore et sans touffe terminale; d'un brun roux lustré en dessus, d'un blanc pur en dessous.

DIMENSION. — Longueur totale moyenne 220 à 230 millimètres.

VARIÉTÉS. — Quoique la Belette ne change pas la couleur de son pelage en hiver, les individus qui habitent les régions élevées des Alpes prennent, comme l'a fait observer Fatio, une teinte plus grise en hiver. Il existe une variété complètement blanche.

HABITAT. — Commun; vit dans les rocailles ou les troncs d'arbres; chasse le jour comme la nuit les petits mammifères et les oiseaux.

Genre LUTRA (Pline), Linné.

1735. *Syst. nat.*, première édit.

CARACTÈRES. — Crâne très plat en dessus, court dans la partie frontale et très large dans la moitié postérieure; crête occipito-pariétale tout à fait déprimée; apophyses frontales peu développées; $\frac{5}{5}$ molaires, dont $\frac{3}{3}$ prémolaires; la carnassière supérieure pourvue d'un talon interne très puissant; tuberculeuse supérieure large, forte et presque sans étranglement; membres courts; pieds entièrement palmés; oreille très petite; queue allongée et conique.

Lutra vulgaris, ERXLEBEN.

Mustella lutra, Linné, 1758. *Syst. nat.*, édit. X, p. 45, n° 2.
Lutra vulgaris, Erxleben, 1767. *Mamm.*, p. 448, n° 2. — Blasius, 1857. *Naturg. Säugeth. Deutschl.*, p. 237, fig. 126 à 131. — Fatio, 1869. *Vert. Suisse*, p. 339. — Gray, 1859. *Cat. Carn. Brit. Mus.*, p. 103.

NOM VULGAIRE. — La Loutre; la Loutra.

DESCRIPTION. — Première prémolaire supérieure située en dedans et au pied de la canine; pieds palmés jusqu'aux ongles; oreilles mesurant à peine la septième partie de la tête; queue conique et à peine égale à la moitié du corps; d'un brun roussâtre et lustré en dessus, d'un brun plus clair et plus grisâtre en dessous.

DIMENSION. — Longueur totale moyenne, 1150 à 1280 millimètres.

HABITAT. — Assez commun; vit au bord des cours d'eau, entre les pierres, sous les racines, pêchant le jour et surtout la nuit, nageant et plongeant avec une grande facilité, et causant de grands dégâts à la pisciculture.

RODENTIA

Deux grandes incisives à croissance continue à chaque mâchoire, séparées des molaires par un intervalle ou barre; pas de canines; extrémités postérieures beaucoup plus longues que les antérieures; doigts terminés par des ongles.

SCIURIDÆ

Front large avec apophyses latérales; trou sous-orbitaire petit; molaires à racines et à tubercules; 20 à 22 dents.

Genre SCIURUS (Pline), Linne.

1758. *Syst nat.*, édit. X, p. 63, n° 27.

CARACTÈRES. — Crâne ovale et busqué; frontaux très larges, développés latéralement en apophyses aiguës, minces et dirigées en arrière; pieds étroits pourvus d'ongles crochus et très comprimés; queue longue, très fournie et généralement distique.

Sciurus vulgaris, LINNÉ.

Sciurus vulgaris, Linné, 1758. *Syst. nat.*, édit. X, p. 63, n° 1. — Blasius, 1857. *Naturg. Säugeth. Deutschl.*, p. 272, fig. 151, 153 et 154. — Fatio, 1869. *Vert. Suisse*, p. 162, pl. VI, fig. 7 et 17.

NOM VULGAIRE. — L'Écureuil; l'Acuéron ; l'Acouiri; l'Écoueru.

DESCRIPTION. — Oreilles à peu près égales à la moitié de la tête, acuminées et terminées par une touffe de poils; queue très fournie, distique et de la longueur du corps; d'un brun grisâtre, rougeâtre ou noirâtre en dessus, blanc ou jaunâtre en dessous.

DIMENSION. — Longueur totale moyenne, 440 à 500 millimètres.

VARIÉTÉS. — De coloration très variable; en général les individus élevés chez les marchands et dont le pelage a des couleurs vives et chaudes proviennent du midi. Il existe au Muséum de Lyon, un sujet complètement blanc. Il a été tué il y a peu de temps, dans les environs des Échets, un écureuil à robe presque noire en dessus et gris fauve en dessous.

HABITAT. — Commun; vit dans les bois, se bâtissant des nids arrondis en forme de boule avec des branchages et des brindilles, ne sortant que par le beau temps pour faire sa provision de graines et de fruits.

Genre ARCTOMYS, Schreber.

1792. *Säugeth.*, p. 720.

CARACTÈRES. — Crâne déprimé; frontaux très larges, développés en apophyses latérales fortes et à angle droit; pieds trapus, pourvus d'ongles peu comprimés et peu crochus ; queue courte et garnie de poils divergents.

Arctomys marmota, Linné.

Mus marmota, Linné, 1758. *Syst. nat.*, édit. X, p. 60, n° 4.
Arctomys marmota, Schreber, 1775-92. *Säugeth.*, III, p. 722, n° 1. — Blasius, 1857. *Naturg. Säugeth. Deutschl.*, p. 280, fig. 156 et 158. - Fatio, 1869. *Vert. Suisse*, p 167.

Nom vulgaire. — La Marmotte.

Description. — Oreilles petites et cachées sous le poil ; queue égale au tiers ou au quart du corps, en plumet, bien fournie et noirâtre sur la moitié externe ; d'un gris fauve mélangé de noirâtre en dessus, d'un fauve roussâtre en dessous.

Dimension. — Longueur totale moyenne, 600 à 750 millimètres.

Habitat. — Cette espèce, aujourd'hui reléguée à de hautes altitudes dans les Alpes, vivait jadis dans les plaines et les vallées de nos régions. On ne voit plus actuellement que les sujets que nous apportent de pauvres enfants de la Suisse ou de la Savoie.

Origine. — Très commun à l'époque quaternaire ; en 1879, nous avons signalé la présence des squelettes de 9 Marmottes trouvés dans les sables quaternaires de Saint-Martin de Fontaine (1). La Marmotte faisait également partie de la faune de Solutré.

Genre CASTOR, Linné.

1758. *Syst. nat.*, édit, X, p. 58, n° 21.

Caractères. — Crâne déprimé et allongé, étroit en avant, élargi en arrière ; queue aplatie et élargie en forme de palette ; pieds postérieurs entièrement palmés.

Castor fiber, Linné.

Castor fiber, Linné, 1758. *Syst. nat.*, édit, X, p. 58, n° 1. — Blasius, 1857. *Naturg. Säugeth. Deutschl.*, p. 405, fig. 224 et 225.

Nom vulgaire. — Le Castor.

(1) A. Locard, 1879. *Description de la faune malacologique des terrains quaternaires des environs de Lyon*, p. 169.

DESCRIPTION. — Oreilles petites, presque entièrement cachées sous le poil; queue écailleuse, garnie de poils sur le tiers supérieur seulement, aplatie, étranglée à la naissance, très large et aplatie au milieu, arrondie à l'extrémité; d'un brun châtain foncé en dessus, devenant un peu plus clair en dessous.

DIMENSION. — Longueur totale moyenne, 800 à 900 millimètres.

HABITAT. — Le Castor vivait autrefois aux environs de Lyon, mais sans y élever de construction, se cachant sous les pierres et dans les broussailles au bord de l'eau; on l'aurait chassé au commencement du siècle dans les îles du Rhône au nord de Lyon; aujourd'hui il paraît s'être retiré plus au sud; chaque année on en trouve encore quelques individus sur les rives du bas Rhône; il vivait également en Suisse au siècle dernier; Brehm le cite comme ayant été trouvé sur le bord de la Saône et de l'Isère.

MYOXIDÆ

Frontaux étroits, sans apophyses latérales; molaires radiculées et aplaties; 20 dents seulement.

Genre MYOXUS, Schreber.

1792. *Säugeth.*, IV, p. 740.

CARACTÈRES. — Crâne allongé et plat, large dans sa partie postérieure et rétréci du côté de la face; frontaux comprimés et sans apophyses latérales; pieds moyens; doigts plutôt courts et ongles crochus; queue plus ou moins distique et de forme variable.

Myoxus glis, ALBERT LE GRAND.

Myoxus glis, Albert le Grand, 1651. *De Anim.*, lib. XXII, fig. 180. — Blasius, 1859. *Naturg. Säugeth. Deutschl.*, p. 292, fig. 161 et 162 — Fatio, 1869. *Vert. Suisse*, p. 177, pl. VI, fig. 9.

NOM VULGAIRE. — Le Loir gris; le Rat fruitier.

Description. — Molaires médianes sillonnées de 7 raies transverses; oreille ovale, un peu plus grande que le tiers de la tête ; queue distique égale au corps et couverte de poils à peu près égaux sur toute son étendue ; d'un gris brillant en dessus, blanc en dessous.

Dimension. — Longueur totale moyenne, 310 à 330 millimètres.

Habitat. — Assez commun ; vit dans les bois, les jardins et les bâtiments, se construisant des nids arrondis dans les branches d'arbres, pillant la nuit les vergers et les fruitiers, ravageant les couvées des oiseaux.

Myoxus quercinus, Linné.

Mus quercinus, Linné, 1768. *Syst. nat.*, édit., XII, p. 84, n° 15.
Myoxus quercinus, Blasius, 1857. *Naturg. Saugeth. Deutschl.*, p. 289. — Fatio, 1869. *Vert. Suisse*, p. 179.

Nom vulgaire. — Le Lérot.

Description. — Molaires médianes marquées de 4 à 5 raies transverses ; oreille ovale et égale environ à la moitié de la tête ; queue à peu près de la longueur du corps, ronde sur la moitié basilaire, en partie distique et pourvue de plus grands poils à la partie externe, blanche en dessous et au sommet, brune et noire en dessus ; brun roux en dessus, blanc en dessous, avec une bande noire s'étendant depuis les côtés du museau sur l'œil et jusque sur la moitié du cou.

Dimension. — Longueur totale moyenne, 220 à 250 millimètres,

Habitat. — Commun ; dans les buissons et les bois, de préférence dans la région montagneuse, avec les mêmes mœurs que le Loir.

Origine.— On a retrouvé des ossements du *Myoxus quercinus* dans la faune quaternaire de la partie centrale du bassin du Rhône.

Myoxus avellanarius, Linné.

Mus avellanarius, Linné, 1758. *Syst. nat.*, édit. X, p. 62, n° 11.
Myoxus avellanarius, Blasius, 1857. *Naturg. Saugeth. Deutschl.*, p. 296, fig. 163. — Fatio 1869. *Vert. Suisse*, p. 182.

Nom vulgaire. — Le Muscardin.

DESCRIPTION. — Molaires médianes marquées de 5 à 7 raies transverses ; oreille arrondie et un peu plus courte que la moitié de la tête ; queue touffue, à peu près de la longueur du corps, pourvue de poils moyens divergents et croissant en longueur de la base de ce membre au sommet ; roux en dessus, roussâtre et blanchâtre en dessous.

DIMENSION. — Longueur totale, 145 à 160 millimètres.

HABITAT. — Assez commun ; dans les haies et les buissons, accrochant son nid d'herbe aux branches, souvent à une faible hauteur ; ne vit que de graines et de fruits.

MURIDÆ

Frontaux étroits sans apophyses latérales ; trou sous-orbitaire grand ; molaires avec ou sans racines et de formes très diverses ; 12 à 20 dents.

Genre MUS (Pline), Linné.

1758. *Syst. nat.*, édit. X, p. 59, n° 26.

CARACTÈRES. — Crâne allongé ; frontaux étroits, aplatis et peu comprimés ; $\frac{3}{3}$ molaires à tubercules mousses plus ou moins saillants ; incisives supérieures épaisses, verticales et lisses par devant ; oreilles ovales ; museau pointu ; queue cerclée d'anneaux écailleux, à peu près de la longueur du corps.

Mus decumanus, PALLAS.

Mus decumanus, Pallas, 1778. *Nov. spec.*, p. 91, n° 40. — Blasius, 1857. *Naturg. Saugeth. Deutschl.*, p. 313, fig. 164, 171 à 174. — Fatio, 1869. *Vert. Suisse*, p. 140. — Trouessart, 1881. *In Feuille natur.*, XI, p. 81.

NOM VULGAIRE. — Le Surmulot, le Rat d'égout, le Rat d'eau.

DESCRIPTION. — Oreille très légèrement plus longue que le tiers de la tête et rabattue en avant, n'arrivant pas jusqu'aux yeux ; doigts réunis à la base par une petite membrane ; queue un peu plus courte que le corps ; d'un gris fauve ou brunâtre en dessus, blanchâtre en dessous.

Dimension. — Longueur totale moyenne, 410 à 500 millimètres.

Variétés. — De taille et de coloration assez variables; il existe une variété complètement albine.

Habitat. — Commun à la ville comme à la campagne, dans les égouts, les caves, les abattoirs, les greniers, dans les sous-sols et les parties basses des maisons, au bord des cours d'eau; s'attaque aux animaux des basses-cours, et même aux animaux domestiques; nage et plonge avec facilité.

Mus rattus, Linné.

Mus rattus. Linné, 1758. *Syst. nat.*, édit. X, p. 61, n° 19. — Blasius, 1857. *Naturg. Saugeth. Deutschl.*, p. 317. — Fatio, 1869. *Vert. Suisse*, p. 197, pl. VI, fig. 12. — Trouessart, 1881. *In Feuille natur.*, XI. p. 80.

Nom vulgaire. — Le Rat noir.

Description. — Oreille ayant la moitié de la longueur de la tête et rabattue en avant, arrivant jusqu'aux yeux; queue plus longue que le corps; doigts libres; d'un gris fauve noirâtre en dessus, un peu plus clair en dessous.

Dimension. — Longueur totale, 350 à 400 millimètres.

Variétés. — De coloration très variable; cette espèce a donné lieu à la création de sous-espèces ou de variétés uniquement basées sur la taille et surtout sur le mode de coloration; les sujets gris, à dessous blanchâtre, ne sont pas rares dans nos régions.

Habitat. — Commun; loge dans les trous des poutres et des murailles, dans les greniers et les parties les plus élevées des habitations, à la ville comme à la campagne; tend à disparaître devant l'invasion du *Mus decumanus*.

Mus musculus, Linné.

Mus musculus, Linné, 1758. *Syst. nat.*, édit. X, p. 62, n° 10. — Blasius, 1857. *Naturg. Säugeth. Deutschl.*, p. 320. — Fatio, 1869. *Vert. Suisse*, p. 202, pl. VI, fig. 13. — Trouessart, 1881. *In Feuille natur.*, XI, p. 78.

Nom vulgaire. — La Souris; le Rat domestique; le Rat de ville; la Rata.

Description. — Oreille de la longueur de la moitié de la tête; œil petit; queue de la longueur du corps; tarse assez court, presque unicolore; d'un cendré plus ou moins fauve en dessus, à peine plus étroit en dessous.

Dimension. — Longueur totale, 170 à 190 millimètres.

Variétés. — D'après Fatio, les sujets qui mènent une vie champêtre sont plus roux en dessus et plus blancs en dessous. Il existe également des variétés complètement noires, fauves ou blanches obtenues par sélection.

Habitat. — Très commun; dans les maisons, se cachant dans les trous des murs, sous les planchers, dans les moindres recoins.

Mus sylvaticus, Linné.

Mus sylvaticus, Linné, 1758. *Syst. nat.*, édit. X. p. 62, n° 12. — Blasius, 1857. *Naturg. Säugeth. Deutschl.*, p. 322, fig. 175. — Fatio, 1869. *Vert. Suisse*, p. 210. — Trouessart, 1881. *In Feuille natur.*, XI, p. 79.

Nom vulgaire. — Le Mulot, le Rat des champs.

Description. — Oreille de la longueur de la moitié de la tête; œil grand; queue un peu plus courte que le corps; tarses allongés; bicolore, d'un gris brun plus ou moins roussâtre en dessus, blanc en dessous.

Dimension. — Longueur totale, 200 à 240 millimètres.

Variétés. — Il existe une forme alpine de taille plus forte, avec un pelage plus jaunâtre en dessus; on trouve également des variétés albines.

Habitat. — Commun; dans les champs et les bois, se creusant des galeries souterraines peu profondes; sort surtout la nuit, donnant la chasse aux insectes et aux nichées de petits oiseaux, lorsqu'il ne trouve pas suffisamment de graines et de racines à ronger.

Mus minutus, Pallas.

Mus minutus, Pallas, 1778. *Nov. spec.*, p. 345. — Blasius, 1857. *Naturg. Säugeth. Deutschl.*, p. 326. — Fatio, 1869. *Vert. Suisse*, p. 215. — Trouessart, 1881. *In Feuille natur.*, XI, p. 77, pl. II.

Nom vulgaire. — La Souris noire, le Rat des moissons.

Description. — Oreilles n'ayant que le tiers de la longueur de la tête; queue de la longueur du corps; bicolore, d'un fauve roussâtre ou grisâtre en dessus, blanc en dessous.

Dimension. — Longueur totale, 130 à 135 millimètres.

Habitat. — Commun; dans les champs, dans les taillis peu épais, au voisinage des moissons, se bâtissant un nid aérien de forme sphérique, suspendu à quelques tiges de blé ou aux branches des arbustes à 30 ou 60 centimètres au dessus du sol; se nourrit de graines et d'insectes.

Genre ARVICOLA, Lacépède.

1799. *Tabl. des div. Mamm.*

Caractères. — Molaires formées de prismes triangulaires externes; museau épais et arrondi; pieds antérieurs petits et à ongles courts; plante des pieds nue; queue courte ou médiocre, mais plus longue que le pied de derrière et couverte de poils courts.

Arvicola glareolus, Schreber.

Mus glareolus, Schreber, 1775-92. *Säugeth.*, III, p. 600, pl. CXC, B.
Arvicola glareolus, Blasius, 1857. *Naturg. Säugeth. Deutschl.*, p. 337, fig. 177 à 180.
Hypudæus glareolus, Fatio, 1869. *Vert. Suisse*, p. 221.
Arvicola rutilus, Trouessart, 1882-83. *In Feuille natur.*, XII, p. 139; XIII, p. 2, pl. I, fig. 1.

Nom vulgaire. — Le Campagnol roussâtre, des sables, des grèves, des prés, etc.

Description. — Deux racines distinctes aux molaires, sept espaces et neuf angles à la première molaire inférieure, six espaces et huit angles à la dernière supérieure; oreilles bien développées, aussi longues que la moitié de la tête, dépassant largement les poils; queue bicolore aussi longue que la moitié du corps; pied postérieur avec six tubercules; d'un brun marron en dessus, gris sur les flancs et blanchâtre en dessous.

Dimension. — Longueur totale, 140 à 180 millimètres.

Observations. — On rencontre parfois dans les Alpes une variété de taille plus forte, avec des teintes plus tranchées ; c'est le *Myodes bicolor* de M. Fatio (1).

HABITAT. — Assez rare ; dans les bois et les broussailles, parfois dans les bosquets et les massifs touffus des jardins, se creusant des galeries peu profondes et se bâtissant un nid d'herbes et de racines ; chasse jour et nuit les graines, les vers et les nichées de petits oiseaux.

Arvicola amphibius, LINNÉ.

Mus amphibius, Linné, 1758. *Syst. nat.*, édit. X, p. 61, n° 8.
Arvicola amphibia., Blasius, 1857. *Naturg. Säugeth. Deutschl.*, p. 344, fig. 183 à 192. — Fatio, 1869. *Vert. Suisse*, p. 227, pl. VI, fig. 15. — Trouessart, 1882-83. *In Feuille natur.*, XII, p. 139 ; XIII, p. 3.

NOM VULGAIRE. — Le Campagnol amphibie ; le Rat d'eau ; la Taupe grise.

DESCRIPTION. — Sept espaces et neuf angles à la première molaire inférieure ; cinq espaces et sept angles à la troisième supérieure ; oreilles iatteignant le tiers de la longueur de la tête, dépassant sensiblement les poils ; queue légèrement bicolore, égale à la moitié du corps ; pied postérieur avec cinq tubercules ; d'un brun terreux plus ou moins intense en dessus, grisâtre et plus ou moins roux en dessous et sur les flancs.

DIMENSION. — Longueur totale, 240 à 260 millimètres.

VARIÉTÉS. — Suivant son habitat et sa coloration, cette espèce donne naissance à de prétendues espèces qui ne sont en somme que de simples variétés. Nous distinguerons la *var. terrestris*, de taille plus petite, avec la queue plus courte, et le pelage plus noir, souvent mêlé de jaunâtre et qui vit dans nos pays ; elle a été rencontrée notamment à l'Arbresle et dans le Beaujolais.

HABITAT. — Assez commun ; vit au bord des eaux, dans les champs et les jardins, se creusant des galeries à la façon de la Taupe, causant parfois de sérieux dégâts dans les potagers en rongeant les racines des plantes.

(1) Fatio, 1862. *In Revue et Mag. de Zool.*

Arvicola nivalis, Ch. Martins.

Arvicola nivalis, Ch. Martins, 1842. *In Rev. Zool.*, p. 331. — Blasius, 1857. *Naturg. Säugeth. Deutschl.*, p. 359, fig. 193, 194. — Trouessart, 1882-83. *In Feuille natur.*, XII, p. 139; XIII, p. 5, pl. I, fig. 2.

Nom vulgaire. — Le Campagnol des neiges.

Description. — Sept espaces et neuf angles à la première molaire inférieure; six espaces et huit angles à la troisième supérieure; oreilles ne dépassant pas le tiers de la longueur de la tête; queue épaisse, égale environ à la moitié du corps; pied postérieur avec 6 tubercules; d'un gris cendré plus ou moins mélangé de fauve et de noirâtre en dessus, blanchâtre en dessous, queue grisâtre, légèrement fauve ou plombée.

Dimension. — Longueur totale, 170 à 200 millimètres.

Variété. — Paraît assez variable dans sa coloration, suivant son habitat et surtout suivant son genre de nourriture.

Habitat. — Très rare; se creuse des terriers dans les sites alpestres, jusqu'au voisinage des neiges, remplace la souris dans les auberges et les cabanes des bergers des Alpes, se nourrissant de fruits, de plantes et de racines; nous ne le connaissons, dans nos pays, que dans le massif de la Grande-Chartreuse et dans les Alpes.

Arvicola agrestis, Linné.

Mus agrestis, Linné, 1789. *Fauna Suec.*, II, p. 11, n° 30.
Arvicola agrestis, Blasius, 1857. *Naturg. Säugeth. Deutschl.*, p. 369, fig. 202 à 205. — Trouessart, 1882-83. *In Feuille natur.*, XII, p. 139; XIII, p. 13, pl. I, fig. 3.
— *arvalis*, Blasius. *Loc. cit.*, p. 379, fig. 209, 210 — Fatio, 1869. *Vert. Suisse*, p. 234.

Nom vulgaire. — Le Campagnol des champs.

Description. — Neuf espaces et onze angles à la première molaire inférieure; six espaces et huit angles à la troisième supérieure; oreilles de la longueur du tiers de la tête, dépassant peu le poil; queue atteignant le tiers de la longueur du corps, plus ou moins bicolore; pieds postérieurs avec six tubercules; passant du fauve jaunâtre au gris brun et au gris noirâtre en dessus, blanc glacé de jaune ou gris en dessous.

Dimension. — Longueur totale, 120 à 160 millimètres.

VARIÉTÉS. — De taille et de coloration très variables; M. Trouessart établit les deux *var.* suivantes : *var. arvalis*, d'un fauve teinté de gris, blanchâtre en dessous ainsi que les pieds, avec une ligne d'un jaune plus pur sur les flancs; *var. agrestis*, de taille un peu plus grande, de coloration plus foncée, brun plus clair sur ses flancs; le dessous et les pieds d'un gris blanchâtre, sans ligne rousse latérale.

HABITAT. — Commun; dans les prés et les champs, se creusant des galeries munies de nombreuses ouvertures, se nourrissant de graines et de racines.

Arvicola subterraneus, DE SELYS-LONGCHAMPS.

Arvicola subterranea, de Selys, 1839. *Micromammal.*, p. 102, n° 7. — Blasius, 1857. *Naturg. Säugeth. Deutschl.*, p. 388, fig. 215, 216. — Trouessart, 1882-83. *In Feuille natur.*, XII, p. 149; XIII, p. 14, pl. I, fig. 4.

NOM VULGAIRE. — Le Campagnol souterrain.

DESCRIPTION. — Neuf espaces et onze angles à la première molaire inférieure; six espaces et sept angles à la troisième supérieure; oreilles moins longues que le tiers de la tête, ne dépassant pas les poils et cachés par eux ; queue plus courte que le tiers de la longueur du corps ; yeux très petits ; d'un gris noirâtre en dessus, cendré en dessous.

DIMENSION. — Longueur totale, 120 à 130 millimètres.

VARIÉTÉS. — M. le Dr Trouessart a distingué les variétés suivantes (1) : *var. Gerbei* (2), d'un ferrugineux obscur avec la face noirâtre, abdomen ardoisé, queue bicolore, brune en dessus, cendrée en dessous ; — *var. Selysi* (3), d'un brun ferrugineux plus clair sur les flancs, dessous cendré roussâtre, se confondant avec la couleur des flancs ; queue bicolore; — *var. pyrenaica* (4), d'un brun roux plus clair et tirant au roussâtre sur les flancs et sur les pattes qui sont moins cendrées que les variétés pré-

(1) L'étude des petits mammifères de notre région est encore si incomplète que nous ne saurions préciser quelles sont celles de ces variétés qui s'y rencontrent; en attendant des recherches plus suivies, nous avons cru utile d'indiquer ces différentes variétés.

(2) *Arvicola Gerbei*, de l'Isle. Signalé dans le bassin de la Loire.

(3) *Arvicola Selysii*, Gerbe, 1852. *In Revue Zool.*, p. 505. Signalé dans les montagnes des Basses-Alpes, aux environs de Barcelonnette.

(4) *Arvicola pyrenaïcus*, de Selys, 1847. *In Rev. Zool.*, p. 303. Signalé dans le sud-ouest de la France et des Pyrénées, remontant à d'assez grandes altitudes.

cédentes. — *var. Savii* (1), dessus d'un gris roux, dessous blanchâtre, pieds blancs; la troisième molaire supérieure généralement plus courte que dans le type et ne présentant que cinq espaces et six angles; — *var. incerta* (2), d'un gris brun clair mêlé de cendré à la tête et de fauve jaunâtre sur les flancs; dessous blanchâtre lavé de jaune, un masque brun noirâtre sur la face.

HABITAT. — Assez rare; vit dans les prairies humides, les jardins et les potagers; creuse de profondes galeries pour aller à la recherche des racines des plantes dont il fait sa nourriture; préfère, en général, les prairies basses aux coteaux.

LEPORIDÆ

Apophyses frontales plus ou moins larges; 26 à 28 dents; molaires sans racines; 4 incisives à la mâchoire supérieure, et 2 à l'inférieure; 5 doigts aux pieds antérieurs et 4 aux postérieurs.

Genre LEPUS, Linné.

1758. *Syst. nat.*, édit. X, p. 57, n° 24.

CARACTÈRES. — Crâne comprimé; maxillaire supérieur criblé; voûte palatine très courte; $\frac{6}{5}$ molaires; incisives supplémentaires arrondies; oreilles longues; membres minces et allongés; queue courte; pelage doux et laineux.

Lepus timidus, LINNÉ.

Lepus timidus, Linné, 1758. *Syst. nat.*, édit. X, p. 57, n° 1. — Blasius, 1857. *Naturg. Säugeth. Deutschl.*, p. 412, fig. 226 à 228. — Fatio, 1869. *Vert. Suisse*, p. 247, pl. VIII, fig. 2.

NOM VULGAIRE. — Le Lièvre, la Hase (la femelle); le Livre, la Lieura.

(1) *Arvicola Savii*, de Selys, 1839. *Micromammal.*, p. 100, n° 6. En deçà des limites sud-est de la France.

(2) *Arvicola incertus*, de Selys, 1847. *In Rev. Zool.*, p. 303. La Provence, le Languedoc, le Roussillon et les Pyrénées.

DESCRIPTION. — Fente post-palatine droite et très ouverte; membres relativement longs; oreilles plus grandes que la tête et noires à l'extrémité; queue mesurant, sans le poil, environ les deux tiers de l'oreille, noire sur la face dorsale; d'un gris fauve ou roussâtre mélangé de noirâtre en dessus, blanc en dessous, sauf à la gorge et à la poitrine.

DIMENSION. — Longueur totale, 680 à 700 millimètres.

VARIÉTÉS. — Il existe, chez le *Lepus timidus*, de grandes variations qui ont donné naissance à de fausses espèces que Blasius (1) a su grouper en trois variétés principales; on peut les retrouver sur nos marchés : 1° *var. meridionalis* (2), d'un pelage plus court et plus rougeâtre; — *var. hybrida* (3), d'un pelage plus long, plus fourré, de teinte plus claire ou plus grisâtre; — *var. campicola* (4), intermédiaire entre les deux variétés précédentes. On trouve parfois des variétés albines, qu'il ne faut pas confondre avec le lièvre blanc *(Lepus alpinus)*, espèce suisse, que l'on ne trouve pas dans nos pays.

HABITAT. — Se tient caché le jour, mais sans jamais se terrer, changeant de gîte journellement pour aller paître à la tombée de la nuit. Grâce aux exploits des chasseurs et surtout des braconniers, le Lièvre commence à devenir rare dans le département du Rhône. Les marchés de Lyon sont en grande partie approvisionnés par l'étranger. Ils reçoivent quelques lièvres du Dauphiné, de la Drôme, de l'Allier, de l'Ardèche et du Lot-et-Garonne; il y a quelques années, l'Alsace et le Luxembourg envoyaient une variété de forme allongée, à demi domestiquée et très peu appréciée. Le Piémont et la Vénétie fournissent aujourd'hui quelques sujets; mais le plus grand nombre provient actuellement de la Haute-Autriche.

ORIGINE. — On a rencontré quelques ossements fossiles de *Lepus timidus* dans la faune de Solutré (Saône-et-Loire).

(1) Blasius, 1857. *Naturg. Saugeth. Deutschl.*, p. 412.
(2) *Lepus mediterraneus*, Wagner, 1841. *Münch. g. Anz.*, p. 439.
— *meridionalis*, Gené, *In* Gervais. *Zool. et paléont. franç.*, p. 29.
— *granatensis*, Schimper, 1850. *Regensb. corresp.*, p. 111.
C'est la forme méditerranéenne ou méridionale.
(3) *Lepus caspicus*, Ehrenberg, 1828-30. *Symb. phys.*, fol. 9.
— *aquilonius*, Blasius, 1857. *Bericht*, XIX. — *Vers. d. Naturf.*, p. 89.
— *medius*, Nilsson, 1838. *Midd. Bullet. Petersb.*, IX, n° 14-16.
Cette forme est particulière aux contrées nord-est du continent.
(4) *Lepus europæus*, Pallas, 1784. *Nov. spec. Glir.*, p. 30.
— *campicola*, Schimper, *In* Gervais. *Zool. et Paléont. franç.*, p. 39.
C'est la forme qui se rencontre le plus couramment dans l'Europe centrale.

Lep cuniculus, Linné.

Lepus cuniculus, Linné, 1758. *Syst. nat.*, édit. X, p. 58, n° 2. — Blasius, 1857. *Naturg. Säugeth. Deutschl.*, p. 426. fig. 230 — Fatio, 1869. *Vert. Suisse*, p. 256.

Nom vulgaire. — Le Lapin de garenne ; le Lapin; le Connil.

Description. — Fente post-palatine peu large et resserrée en arrière; membres comparativement courts; oreille plus courte que la tête, d'un gris brun à l'extrémité, noir sur le bord; queue de la longueur de l'oreille, noire en dessus; d'un gris tiqueté de jaunâtre et brun en dessus, blanc en dessous.

Dimension. — Longueur totale, 460 à 500 millimètres.

Variétés. — On élève aujourd'hui un assez grand nombre de variétés de Lapins dont l'origine première est assez mal définie; telles sont le *Lapin argenté*, le *Lapin de Russie*, le *Lapin d'Angora*, le *Lapin à oreilles pendantes*, etc. La plupart de ces races sont souvent croisées entre elles. Quelques essais d'élevage de *Léporides* résultant du croisement du Lièvre et du Lapin ont été faits par des éleveurs du département.

Habitat. — Assez commun; vit de préférence dans les bois où il se creuse des terriers, d'où il sort à la tombée de la nuit pour aller chercher sa nourriture dans les champs et les jardins.

CAVIÆ

Crâne relativement gros et court ; 20 dents dont 4 incisives à chaque mâchoire, 4 doigts aux pieds de devant et 3 à ceux de derrière.

Genre CAVIA, Klein.

1751. *Quadrup.*

Caractères. — Oreilles courtes et arrondies; queue réduite à un simple tubercule ; plante des pieds nue; ongles presque en sabot; pelage dur et plus serré, d'un roux plus ou moins foncé, avec des taches brunes, blanches ou noires, à contours irréguliers.

Cavia cobaya, Marcgrave.

Cavia cobaya, Marcgrave, 1648. *Hist. r. n. Bras.*, p. 224. — Blasius, 1857. *Naturg. Säugeth Deutschl.*, p. 430.

Nom vulgaire. — Le Cobaye, le Cochon d'Inde, le Cochon de lait, le Cochon de mer.

Observations. — On ignore quelle est l'origine de ce petit animal aujourd'hui si communément répandu dans nos faubourgs et dans les campagnes. Quelques naturalistes croient qu'il descend du *Cavia aperea* de l'Amérique du sud, malgré les différences notables que l'on constate dans ces deux types. Il s'élève facilement dans des abris secs et aérés, mangeant toutes les substances végétales.

RUMINANTIA

Pas d'incisives à la mâchoire supérieure, canines rudimentaires ou nulles ; doigts toujours en nombre pair, terminés par des sabots ; sur la tête, des cornes ou des bois ; estomac composé pour l'acte de la rumination.

CERVIDÆ

Cornes osseuses, caduques, pleines, rameuses, couvertes de tubérosités et reposant simplement sur une apophyse particulière du frontal.

Genre CERVUS (Pline), Linné.

1758. *Syst. nat.*, édit. X, p. 66, n° 30.

Caractères. — Incisives médianes fortement élargies au sommet ; larmier bien accentué ; bois cylindriques dans leur moitié inférieure ; museau nu entre les narines, au-dessus et sur leur pourtour.

Cervus capreolus, Linné.

Cervus capreolus, Linné, 1758. *Syst. nat.*, édit. X, p. 68, n° 7. — Blasius, 1857. *Naturg. Säugeth. Deutschl.*, p. 457, fig. 238 et 239. — Fatio, 1869. *Vert. Suisse*, p. 293.

Nom vulgaire. — Le Chevreuil.

Description. — 32 dents ; oreilles mesurant à peu près les deux tiers de la tête ; cornes dépourvues d'andouillers basilaires, dirigées en avant, et égales environ à la tête chez l'adulte ; queue presque nulle ; d'un gris roussâtre ou brunâtre en dessus, plus clair en dessous, la gorge jaunâtre, le bout du museau noirâtre à l'exception d'une tache blanche sur le bord de la lèvre supérieure, menton blanc ainsi qu'un vaste miroir sur la région fessière.

Dimension. — Longueur totale, $1^m,120$ à $1^m,190$.

Habitat. — Le Chevreuil devient de plus en plus rare dans le département du Rhône ; on en chasse pourtant encore quelquefois dans le Beaujolais, dans les bois des Echarmeaux, de Monsols, de Ranchal ; il est un peu plus fréquent dans les chasses gardées de l'Ain, de la Loire et de Saône-et-Loire. Le Chevreuil vendu sur nos marchés provient en majeure partie de la haute Autriche.

Origine. — On trouve dans les dépôts du Lehm de nos régions, des ossements fossiles du *Cervus capreolus*.

OVIIDÆ

Cornes creuses, persistantes, anguleuses, ridées transversalement, se développant sur un axe osseux qui a la même direction.

Genre CAPRA (Pline), Linné.

1758. *Syst. nat.*, édit. X, p. 68, n° 31.

Caractères. — Incisives inférieures à peu près égales ; cornes prismatiques, dirigées en haut et en arrière, comprimées ; chanfrein droit.

Capra hircus, LINNÉ.

Capra hircus, Linné, 1758. *Syst. nat.*, édit. X, p. 68, n° 1. — Blasius, 1857. *Naturg. Säugeth. Deutschl.*, p. 484, fig. 263.

NOM VULGAIRE. — La Chèvre, le Bouc.

HISTORIQUE. — Les naturalistes sont d'accord pour faire descendre la Chèvre de nos pays de l'Egagre ou Chèvre sauvage, *Capra hircus, var. ægagra* des montagnes de la Perse. Les zootechnistes admettent aujourd'hui, comme race spéciale la Chèvre du Mont-d'Or. Dans toute cette région, la Chèvre est élevée pour son lait qui, le plus souvent mélangé avec du lait de Vache, sert à faire des fromages connus sous le nom de Mont-d'Or.

Au printemps surtout, on fait une grande consommation de jeunes Chèvres ou Chevreaux. D'après les statistiques les plus récentes, on n'évalue pas à moins de 150.000 kilogrammes, le poids de viande de Chevreau débitée annuellement à Lyon.

Race du Mont-d'Or. — Tête forte; cou long et mince; membres longs et forts, très agiles; poitrail serré, crâne brachycéphale; museau fin, bouche petite, barbe au menton plus ou moins longue; oreilles longues et pendantes; cornes, quand elles existent, rugueuses et aplaties, de longueur moyenne, parallèles, dirigées en haut et intérieurement, faiblement arquées; robe brune ou noire, donnant des pelages gris ou pie; queue courte et relevée; taille très variable.

Genre OVIS, Linné.

1758. *Syst. nat.*, édit. X, p. 70, n° 32.

CARACTÈRES. — Incisives inférieures inégales, les deux moyennes étant les plus longues; cornes angulaires contournées latéralement en spirale; chanfrein interne moins arqué.

Ovis aries, LINNÉ.

Ovis aries, Linné, 1758. *Syst. nat.*, édit. X, p. 70, n° 1. — Blasius, 1857. *Naturg. Säugeth Deutschl.*, p. 467, fig. 240.

NOM VULGAIRE. — Le Mouton, le Bélier, la Brebis.

HISTORIQUE. — Le Mouton est aussi anciennement domestiqué dans nos pays que la Chèvre; il est bien difficile de dire à quelle espèce sauvage il convient de le faire remonter. Dans le département du Rhône, il n'existe pas de race spéciale; en général, on élève peu de Moutons. Ceux que l'on consomme viennent un peu de tous les pays. « De tous temps, dit M. Cornevin, l'Afrique envoie des Moutons à Lyon; le Piémont nous a, d'autre part, toujours expédié par la route du Mont-Cenis, quelques lots de bêtes Bergamasques. La Savoie, bien longtemps avant que l'annexion l'ait rattachée à notre pays, avait trouvé ici un débouché pour les bêtes ovines de ses montagnes.

Mais les arrivages de ces contrées étaient noyés dans la masse des Moutons indigènes que nous fournissaient le Forez, le Dauphiné, le Lyonnais, la Bresse, l'Auvergne, le Bourbonnais, le Charolais et la Bourgogne. Aujourd'hui, le contraire est en train de se produire, et il n'y a pas lieu de s'en étonner quand on est au courant des causes qui dépriment notre population ovine. »

En 1876, il a été vendu 252.470 moutons sur le marché de Lyon, ainsi répartis :

Bourbonnais, Charolais, Bourgogne.	75.740
Afrique.	50.500
Italie.	25.258
Savoie.	20.190
Auvergne.	25.250
Dauphiné et Midi.	25.250
Bresse, Lyonnais, Forez.	30.290

« La Bourgogne, le Dauphiné et la Bresse nous expédient des Mérinos; le Bourbonnais, des Berrichons plus ou moins purs; le Charolais, des métis de Southdown-mérinos, Southdown-berrichons et Dishley-berrichons; l'Auvergne, sa race spéciale; le Lyonnais et le Forez, des bêtes dites de Millery, qui ne sont qu'une branche agrandie et améliorée de la race de Larzac. L'Afrique est représentée par les deux races qu'elle nourrit, la Barbarine et la Touareg, mais la première l'emporte de beaucoup sur la seconde, représentée seulement de temps à autre par quelques individus égarés parmi les représentants de celle-là. La Savoie et l'Italie septentrionale possèdent, à mon sens, une seule et même race, qu'on la qualifie de Savoyarde, de Piémontaise ou de Bergamasque; la diversité des noms n'empêche pas l'unité et l'identité du type. Celui-ci est, d'ailleurs, tellement net que la contestation ne me semble par possible. Les Moutons de l'Italie méridionale, qu'il m'a été donné de voir, appartiennent au type Barbarin. » (1)

Nous dirons quelques mots des caractères distinctifs de ces principales races,

Race Bergamasque. — Tête énorme, chanfrein busqué de la façon la plus accentuée; oreilles longues, larges et pendantes ; parfois des cornes ; grande taille due à des membres très longs et très forts; laine de médiocre qualité, noire chez quelques individus ; grande vigueur et rusticité.

La race Bergamasque, ou race des Alpes, comprend les nombreuses variétés des pays bergamasques, de la Savoie, de Suse, du Piémont et du Milanais. M. Cornevin incline à penser que le type auquel elle appartient est autochtone de la région alpestre.

« La viande, dit encore M. Cornevin, chez les animaux de cette race, est de qualité moyenne, sauf chez les sujets âgés, trop nombreux dans les convois; je lui attribue le chiffre 6 dans ma classification. »

Race Barbarine. — Tête forte, à chanfrein long et un peu busqué; généralement une seule paire de cornes à larges sillons, dressées, puis arquées en arrière vers le cou et contournées en spirale allongée, quelquefois deux paires; la femelle a des cornes beaucoup plus petites ou même parfois n'en possède pas; membres forts et tachetés; face d'un rouge brun bien lavé ou noire, cette dernière nuance peu commune; laine douce, mais à gros brin ; taille moyenne.

Cette race, qui habite les rivages de la Méditerranée, est encore peu répandue sur notre continent; on la trouve en Afrique sur tout le littoral, depuis la Calle jusqu'à Oran.

Race Auvergnate. — Tête petite, fine; chanfrein tacheté de noir et droit; cornes minces, en spirale allongée, mais presque toujours absentes ; crâne chauve; membres grêles, courts; taille très peu élevée; laine à mèches longues et sèches, de couleur blanche ou rousse.

On désigne également cette race sous le nom de race Limousine, du Cantal et de Guéret; elle peuple presque exclusivement ces régions et tend à remonter au-delà du nord de l'Auvergne.

Race du Larzac. — Tête de grosseur moyenne; chanfrein long et légèrement busqué ; peu ou pas de laine sur le front; cornes implantées bas,

(1) Ch. Cornevin, 1878. *La Boucherie de Lyon, 1878*, p. 44.

dirigées obliquement sur le côté et en bas, puis faiblement contournées en avant, le plus souvent absentes; tronc et surtout arrière-train bien développés; toison toujours blanche, mais bien peu tassée; hauteur au-dessus de la moyenne.

« Dans tout le Lyonnais, dit M. Cornevin, et une partie du Forez, on élève concurremment avec la Chèvre, des Brebis dont la fonction économique principale est la production du lait. Dans tout le pays, on les connaît sous le nom de *bêtes de la race de Millery*, et c'est sous cette qualification qu'on les trouve décrites dans nos vieux auteurs. La prétendue race de Millery n'est qu'une tribu de celle du Larzac ou des Pyrénées, mais une tribu agrandie et améliorée sous tous les rapports par une alimentation abondante et choisie, telle que savent la constituer les petits ménages de cultivateurs-viticulteurs de l'Est central. »

Race Berrichonne. — Tête assez petite, chauve; museau pointu et allongé; front parcouru par une ligne médiane profonde, chanfrein tacheté de roux; jamais de cornes; oreilles larges et pendantes en arrière; laine grossière, sèche et dure; membres grêles et tachetés; taille petite.

La race Berrichonne proprement dite, qu'il est difficile de distinguer de la race dite Solognote, est originaire du Bourbonnais et du Berry; elle tend de jour en jour à s'étendre dans le bassin de la Loire, en lutte avec la race Auvergnate. Elle a donné lieu à de nombreuses variétés, par suite du croisement avec des races anglaises.

Race Mérinos. — Tête assez forte, crépue; museau mousse, oreilles petites, horizontales; cornes fortes, aplaties, contournées en spirale plus ou moins serrée; laine fine, à mèches carrées et serrées; membres assez forts; taille variable.

La race Mérinos ou errante, amenée en Espagne par les Maures, suivant les uns, implantée dans ce pays, dès la domination romaine, suivant les autres, a été ensuite introduite d'Espagne en France. On observe de grandes variations de taille suivant les Mérinos de Bourgogne, de l'Ain ou du Dauphiné.

Race Charolaise. — On désigne sous ce nom des métis obtenus par le croisement des Berrichons et différentes races d'origine anglaise; les plus importantes sont les suivantes :

Dishley-berrichons. — Moutons de forte taille et de corps ample, à tête sans cornes et dépourvue de laine; toison mi-tassée; ils s'engraissent facilement et sont très estimés du commerce et de la boucherie. Issus d'un croisement, le sang Dishley domine le plus souvent chez eux.

Southdown-berrichons. — Leur taille est inférieure à celle des précédentes formes, ils sont plus trapus, plus bas de membres; sans cornes, comme les précédents, ils ont généralement un peu de laine au sommet de la tête; face et membres souvent d'un noir peu foncé, enfumés, suivant l'expression courante.

Ces métis, élevés principalement dans la Nièvre, l'Allier et Saône-et-Loire, ont donné les meilleurs résultats au point de vue de la qualité de la viande et doivent, sous ce rapport, occuper le premier rang.

BOVIDÆ

Cornes simples, coniques, lisses, en coupe ronde, présentent différentes inflexions, implantées sur un axe osseux qui a la même direction.

Genre BOS (Pline), Linné.

1758. *Syst. nat.*, édit. X, p. 71, n° 38.

Caractères. — Incisives inférieures rangées régulièrement, larges et en forme de palettes ; chanfrein droit ; un fanon ou repli inférieur de la peau du cou plus ou moins lâche.

Bos taurus, Linné.

Bos Taurus, Linné, 1758. *Syst. nat.*, édit. X, p. 71, n° 1. — Blasius, 1857. *Naturg. Säugeth. Deutschl.*, p. 497, fig. 271.

Nom vulgaire. — Le Taureau, le Bœuf, la Vache et le Veau.

La famille des Bovidés n'est représentée actuellement que par une seule espèce, le *Bos taurus*, ayant donné naissance, sous l'influence de la domestication, à un grand nombre de races et de variétés. Aucune de ces races, à proprement parler, n'est autochtone. Dans les fermes du département, suivant les besoins, on élève différentes races, et plus particulièrement les races Charolaise, Jurassienne, Auvergnate ou de Salers, Schwitz et Durham. A côté des individus de race pure, on rencontre une foule de métis, parfois assez difficiles à caractériser, dont les plus communs sont les Salers-charolais de l'arrondissement de Villefranche, les Salers-bressans de l'Ain, et les Bressans-charolais. Puis, au milieu de cet ensemble apparaissent, à l'état d'unité, quelques types de Morvandeaux, de Fribourgeois et même de Bretons.

Pour les besoins de l'alimentation de l'agglomération lyonnaise, il arrive journellement un nombre considérable de bestiaux, non seulement des départements voisins, mais même encore de l'étranger. Jusqu'à ces dernières années, la ville de Lyon était en grande partie tributaire de l'Italie; ainsi, en 1876, sur 45.955 Bœufs et Vaches arrivés et vendus sur le marché de Lyon, M. le professeur Cornevin compte, en nombre rond, 22.975 têtes de bêtes italiennes. Actuellement, ce chiffre s'est singulièrement modifié sans qu'il nous soit possible de l'établir d'une manière exacte :

	1876
Bêtes Italiennes.	22.975
Bêtes Charolaises.	8.262
— Auvergnates.	4.600
Bressanes.	7.350
Métis Salers-charolais.	920
Bêtes Sardes et Africaines.	928
Tarantais et divers.	920
TOTAL.	45.955

Comme l'a très judicieusement fait observer M. Cornevin, « l'abstention sur notre marché, de la Suisse qui se trouve à nos portes, et dont le bétail a une vieille réputation, semblait d'abord inexplicable. Ce n'est, dit cet auteur, qu'en réfléchissant que l'espèce bovine est exploitée dans ce pays à peu près exclusivement en vue de l'industrie laitière, et surtout en lisant, à mon grand étonnement, je ne crains pas de le dire, dans le *Bulletin de la classe d'agriculture de la Société des arts de Genève*, que la production du bétail est insuffisante pour la consommation, et que la Suisse, elle aussi, est obligée d'avoir recours à l'importation, que j'ai compris le motif de cette abstention. »

En général, pour le labour et les travaux de ferme, on donne la préférence aux races Charolaises et Auvergnates, réservant les races Jurassiennes et Schwitzoises pour l'industrie laitière.

Il y a une vingtaine d'années, on recevait à Lyon, de l'Algérie, de 1800 à 2000 bœufs; en 1876, M. Cornevin n'évalue plus qu'à 200 le nombre de ces bêtes, peu appréciées vis-à-vis de nos races françaises. Ce chiffre, actuellement, paraît encore tendre à diminuer, d'après les renseignements qui nous ont été fournis.

Race Charolaise. — Crâne dolichocéphale; protubérance occipito-frontale très saillante; mufle rosé, large, aux naseaux bien ouverts; lèvres épaises, bouche moyenne; léger fanon sous la gorge, oreilles petites, minces, peu velues à l'intérieur; cornes moyennes, dirigées horizontalement à leur naissance, et ensuite recourbées en avant, de couleur d'ivoire, souvent verdâtres à la pointe; robe uniformément blanche ou faiblement jaunâtre; queue courte, implantée très bas. — Taille, 1m,45.

La race Charolaise, qui paraît avoir existé de tout temps dans une petite circonscription de Saône-et-Loire, est répandue surtout dans la partie nord et nord-ouest du département; elle est considérée comme la moins tardive et la plus tendre à l'engraissement de toutes les races françaises; aussi est-elle recherchée comme race de boucherie; « sa viande, dit M. Cornevin, est marbrée, d'un aspect très appétissant, tendre et juteuse, mais fade. Sa qualité est représentée par 6, celle de la race de Salers l'étant par 10. »

Race Auvergnate ou de Salers. — Crâne brachycéphale, protubérance occipito-frontale à sommet droit et accusé; mufle étroit, rosé, quelquefois maculé de taches noires ou grisâtres vers les bords; bouche petite, avec un fanon épais et large; oreilles implantées hautement, larges et velues à l'intérieur; chignon et front couverts de poils abondants et frisés, cornes fortes, régulièrement contournées et se relevant en dehors, noires à l'extrémité; robe uniformément d'un rouge vif acajou, parfois avec de petites plaques blanches sous le ventre; queue longue, implantée haut. — Taille très élevée.

Cette race, originaire du Plomb du Cantal, se plaît dans les sites élevés. La petite ville de Salers est devenue, depuis quelques années, un centre important d'élevage et d'exportation. C'est une de nos meilleures viandes de boucherie. C'est avec son lait que l'on fait la plupart des fromages connus sous le nom de fourmes.

Race Jurassienne. — Crâne brachycéphale; protubérance occipito-frontale épaisse et peu élevée; mufle rosé, large, lèvres fortes; fanon ample sous la gorge; oreilles implantées bas, assez larges; chignon couvert de poils abondants et frisés ; cornes blanches médiocres, implantées haut, dirigées d'abord obliquement en arrière et en bas, puis relevées en avant vers la pointe; robe rouge pâle, terne ou jaunâtre, presque toujours marquée de taches blanches surtout aux membres; queue implantée haut, longue et forte. — Taille 1^{m},32.

La race Jurassienne proprement dite comprend deux variétés, l'une la variété Bressane de la Dombe et de la Bresse, dont nous venons de donner la description; l'autre, la variété Femeline ou de la vallée de la Saône. Cette variété est caractérisée par sa taille moins forte, ses oreilles plus minces, son chignon moins velu, ses cornes moins fortes, sa robe froment clair sur un corps plus large.

Les Bressans fournissent des Vaches assez bonnes laitières qui sont exportées, et des bœufs estimés pour le travail; bien qu'engraissés dans un âge assez avancé, ils fournissent de la bonne viande et beaucoup de suif. La viande des Femelines est en général plus estimée que celle des Bressans.

Race Schwitz. — Crâne très dolichocéphale; protubérance occipito-frontale épaisse, à sommet saillant; mufle noir, large, lèvres épaisses, bouche grande; fanon très développé surtout sous la gorge du mâle; oreilles larges, épaisses, très velues à l'intérieur; courtes, à pointe effilée, dirigées en avant et en bas chez le mâle, relevées chez la vache; robe fauve ou brun très foncé, avec une raie de nuance claire le long de l'épine dorsale; queue implantée haut. — Hauteur au-dessus de la moyenne.

La race Schwitz pure ne paraît pas, comme nous l'avons dit, sur nos marchés. Les Vaches sont fort estimées comme laitières. Elle a donné naissance à deux variétés assez répandues sur nos marchés : 1° la variété Tarentaise ou Tarine que l'on trouve chez quelques laitiers des environs, et caractérisée par un pelage non plus gris blaireau comme le type Schwitz, mais fauve avec des plaques plus foncées aux joues et sur les fesses; autour du mufle, des yeux et dans le bouquet de poils qui termine la queue et qu'on appelle vulgairement toupillon, on retrouve les poils gris du Schwitz aussi le long de la colonne vertébrale.

2° La variété Piémontaise beaucoup plus commune sur notre marché de Vaise, et utilisée comme viande de boucherie, reconnaissable à sa grande taille, à sa robe brune ou froment foncé, à sa tête petite, à ses cornes peu développées, noires à leur extrémité. « Sa viande, dit

M. Cornevin, est formée de fibres musculaires très grosses ; elle est dure et peu juteuse, mais n'est pas fade. Le chiffre 4 lui est attribué dans ma classification. »

Il existe encore assez fréquemment des métis de Schwitz et Jurassien.

Race de Chiana. — « Les Bœufs toscans, désignés sous le nom de bœufs du val de China ou de Chiana, dit M. Cornevin, ont une telle ressemblance avec nos Charolais, que j'en suis à me demander s'il n'y a pas une communauté de souche. C'est du reste ce que soutiennent les marchands italiens. Tête et cornes petites ; robe d'un blanc irréprochable ; taille de 1m,60 environ ; le train de derrière qui est resté étroit et moins gigotté que chez nos charolais, permet la distinction d'avec ceux-ci. Le chiffre 5 représente la qualité de cette viande. »

Cette race, comme toutes les races italiennes, est aujourd'hui moins communément répandue sur nos marchés qu'il y a quelques années. A cette époque, de toutes les races italiennes, c'était la mieux cotée.

Race des Steppes. — Crâne dolichocéphale très allongé; protubérance occipito-frontale étroite et arrondie ; mufle noir, large; lèvres épaisses, bouche grande, fauve, oreilles implantées bas et dressées; cornes noires ou grisâtres, très longues; droites ou lyriformes; robe d'un blanc sale uniforme; queue implantée haut, mince et très courte. — Taille variant de 1m,55 à 1m,75 et même davantage.

La race des steppes de la Russie méridionale et de la Hongrie est également connue sous le nom de race Hongroise ; elle se distingue facilement par l'allure de son train antérieur, toujours plus élevé que le postérieur, et par ses grandes cornes droites. Elle a donné naissance à plusieurs variétés. Sur le marché de Lyon, on trouve assez souvent la variété des Romagnes qui diffère très peu du type hongrois pur ; la viande comme qualité est identique à celle des Piémontais.

Les différences très légères du reste qu'on peut remarquer entre les individus inscrits sous la rubrique de *Bœufs sardes* et *algériens*, sont tout-à-fait individuelles ; aussi croyons-nous être dans la vérité en réunissant sous un même titre les animaux de l'Algérie et ceux de la Sardaigne. Tête étroite, mais paraissant grosse à cause de la petite taille du sujet ; cornes de grandeur très variable ; robe généralement brune ou fauve ; mufle noir ; taille de 1m,25. La viande des Bœufs sardes et algériens est de toutes celles que nous avons appréciées, la moins tendre et la moins savoureuse ; aussi la plaçons-nous tout-à-fait la dernière dans nos classifications, avec le numéro 1.

Race Durham. — Crâne dolichocéphale ; protubérance occipito-frontale très saillante ; mufle rosé, étroit ; bouche et lèvres petites ; fanon peu développé ; oreilles petites et minces implantées bas ; cornes jaunâtres courtes, horizontales, contournées en avant ; robe blanche, rouge ou mélangée de ces deux couleurs ; queue courte. — Hauteur moyenne 1^m,40.

Cette race Anglaise encore peu répandue dans les fermes paraît en général privée d'aptitudes laitières, et sert dans nos pays à faire quelques croisements avec les races Charolaise, Auvergnate et Jurassienne.

ORIGINE. — On rencontre assez fréquemment dans nos dépôts quaternaires des ossements fossiles de *Bovidæ* appartenant à trois espèces distinctes : *Bos primigenius* Bojanus, *Bos taurus* Linné, et *Bos longifrons*, Owen ; ce dernier beaucoup plus rare que les deux autres. Le *Bos primigenius* vivait encore dans nos pays à l'époque historique ; c'est l'*Urus* de Jules César. Le *Bos taurus* seul s'est conservé jusqu'à nos jours.

PACHYDERMATA

Série dentaire complète ; doigts terminés par des sabots.

SUIDÆ

Canines développées en défense ; doigts des membres en nombre pair ; sabots médians aplatis en dedans ; douze mamelles ; corps couvert de soies.

Genre SUS (Pline), Linné.

1758. *Syst. nat.*, édit. X, p. 47, n° 16.

CARACTÈRES. — Quarante-quatre dents ; membres courts ; deux sabots à chaque pied, reposant sur le sol, et deux doigts rudimentaires à l'arrière, munis de petits sabots ; museau développé en forme de groin.

Sus scrofa, LINNÉ.

Sus scrofa, Linné, 1758. *Syst. nat.*, édit. X, p. 47, n° 1. — Blasius, 1857. *Naturg. Säugeth. Deutschl.*, p. 510, fig. 274, 275. — Fatio, 1869. *Vert. Suisse*, p. 354, pl. VIII, fig. 11.

NOM VULGAIRE. — Le Sanglier, la Laie et leurs Marcassins ; le Sanlior, ou San iard.

DESCRIPTION. — Oreilles bien velues et un peu plus longues que le tiers de la tête ; pas de saillie de la face au dessus des yeux, queue à peu près égale à la tête ; d'un gris brun mélangé de noirâtre et de jaunâtre ; une crinière depuis le front jusque sur le haut de l'échine.

DIMENSION. — Longueur totale, 1m,700 à 1m,900.

HABITAT. — Dans les épais fourrés des grands bois, cachés le jour dans leur bauge ; sortant à la tombée de la nuit à la recherche de graines, de légumes, de racines et d'herbes. Le Sanglier, assez abondant autrefois dans nos pays, semblait en avoir à peu près disparu il y a une vingtaine d'années, lorsque à l'époque de la campagne de 1870-1871, bon nombre d'individus fuyant les bruits de la guerre vinrent de l'Est se réfugier dans nos régions ; chaque année on en tue dans les montagnes du Beaujolais, dans l'Ain et dans Saône-et-Loire.

ORIGINE. — On trouve des ossements fossiles de Sanglier dans les dépôts du Lhem et dans les cavernes de Poleymieux au Mont-d'Or.

Sus domesticus, BRISSON.

Sus domesticus, Brisson, 1756. *Regn. Anim.*, p. 74.
Sus scrofa (pars), Blasius, 1857. *Naturg. Säugeth. Deutschl.*, p. 510.

HISTORIQUE. — L'histoire du Cochon domestique ou Porc est bien difficile à établir ; les uns prétendent le faire dériver du Sanglier d'Europe *(Sus scrofa)*, ou du Cochon d'Asie *(Sus indicus)*, malgré la différence qui existe dans le nombre des vertèbres de ces divers types. D'autres prétendent que le *Sus domesticus* a de tout temps constitué une espèce particulière aujourd'hui complètement domestiquée.

Depuis quelques années, l'élevage du Porc a pris une grande extension dans plusieurs départements voisins. Actuellement, le marché de Lyon est tributaire de la Bresse, du Lyonnais, du Dauphiné, de la

Loire, de l'Auvergne, de la Bourgogne, du Morvan et de l'Italie. D'après M. le Professeur Cornevin, en 1876, la proportion de ces différents arrivages s'établissait ainsi, sur un total de 56.280 têtes d'animaux.

Bresse et Bugey.	9.000
Bourgogne et Morvan.	11.260
Dauphiné.	3.380
Lyonnais.	2.250
Italie.	28.140
Auvergne.	2.250

« Seule, dit M. Cornevin, l'Italie nous envoie des individus de race pure (type Napolitain). Les provinces françaises dénommées n'ont que des métis, et encore n'y a-t-il que la Bourgogne dont les Porcs proviennent d'un croisement de notre ancien type celtique avec le Porc anglais. Dans toutes les autres, l'influence du sang napolitain est manifeste ; elle est même tellement prépondérante dans les variétés dites Bressanes et Dauphinoises, qu'il y a lieu de prévoir, pour un laps de temps très rapproché, la substitution pure et simple du type Napolitain aux métis existant aujourd'hui. L'œuvre est déjà achevée dans beaucoup de localités du Bugey et de la Bresse, et il n'y a rien là que de très naturel pour qui connaît les effets du croisement continu. »

Race Napolitaine. — « Tête de grosseur moyenne, à chanfrein continuant le crâne par une ligne droite; oreilles pointues et dirigées en avant, parfois demi-tombantes ; corps très bien fait, à dos très large, pourvu de soies rares, douces, noires chez les individus de l'Italie méridionale, rousses chez ceux des marennes de la Toscane et de la Romagne, et recouvrant une peau de même couleur. »

Dans nos régions, c'est surtout la variété *Milanaise* qui domine. Elle a une très grande propension à prendre la graisse. Son pelage est blanc ou pie-noir.

Métis Alto-napolitains. — « Ce qui a été dit précédemment de la substitution progressive du type Napolitain à ce qui existe aujourd'hui encore, dispense de toute description. Quelques taches blanches sur le dos et parfois les oreilles pendantes, voilà tout ce qui atteste, de par l'atavisme, le souvenir de l'influence de l'ancien type celtique. »

Métis Anglo-français de la Bourgogne. — « Si l'on ne réunit pas aux précédents les Porcs que fournit la Bourgogne, c'est que l'influence du sang asiatique ou anglais, comme on dit communément, y est plus marquée que celle du sang napolitain ; ce qui ne veut pas dire que celle-ci est nulle, loin de là. Le plus souvent ces métis sont obtenus à l'aide des Yorkshire et des Berkshire. Le peu de longueur de la face, le front bombé, la ligne brisée et rentrante que forme le chanfrein avec celle-ci, les oreilles petites et dressées, enfin la couleur blonde ou jaunâtre des soies et de la peau justifient la distinction que l'on fait ici. »

EQUIDÆ

Un seul doigt apparent à chaque pied ; muni d'un sabot semi-circulaire ; quatre mamelles ; corps couvert de poils.

Genre EQUUS (Pline), Linné.

1758. *Syst. nat.*, X, p. 73, n° 34.

Caractères. — Quarante dents, incisives comprimées d'avant en arrière ; membres allongés ; un sabot unique reposant sur le sol, sans doigts rudimentaires relevés à l'arrière et suivis de sabots ; pas de mufle, lèvre supérieure très mobile.

Equus caballus, Linné.

Equus caballus, Linné, 1758. *Syst. nat.*, édit. X, p. 73, n° 1. — Blasius, 1857. *Naturg. Säugeth. Deutschl.*, p. 503, fig. 273.

Historique. — Autrefois, les Chevaux vivaient en France à l'état sauvage ; successivement, ils disparurent sous l'influence de la domestication. On prétend qu'à la fin du XVIe siècle, il existait encore des Chevaux sauvages en Alsace. Actuellement, on voit encore dans les dunes de la Gascogne et surtout dans les plaines de la Camargue, des Chevaux en liberté, mais ils ont des maîtres et portent des marques servant à les reconnaître. On attribue l'origine de ces troupeaux à demi sauvages à l'invasion des Sarrazins.

Sous l'influence des soins, du traitement, du climat et de la nourriture, on a créé de nombreuses races qui ont pris le nom des pays qu'elles habitent. Il n'existe aucune race spéciale propre à la région lyonnaise; mais suivant les services qu'on attend du Cheval, on a introduit des races très multiples. Les Chevaux de course et les Chevaux de selle ou Chevaux fins dérivent, en général de la race Anglaise, dite de pur sang *(the Race horse)*, laquelle provient de la race Arabe implantée en Angletrre et modifiée dans ses habitudes fonctionnelles par l'institution des courses. — Les Chevaux de nos maraîchers sont surtout des Bressans et des Dauphinois; ce sont, en général, des métis Anglo-normands produits par l'intervention d'étalons envoyés par les haras de Cluny et d'Annecy. — La Compagnie des tramways recrute sa cavalerie parmi les Percherons et les Bretons. — Les Chevaux des voitures de place appartiennent aux races Auvergnates, Limousines et Languedociennes. — Pour le gros camionnage et particulièrement le transport des charbons, on fait usage de Flamands, de Boulonnais et de gros Belges. Le petit camionnage qui utilise des bêtes moins fortes et moins puissantes, se sert des métis des races précédentes croisées avec des Anglo-normands. — Enfin, pour les grands carrossiers, on adopte soit les Chevaux français de la plaine de Caen, soit des Chevaux étrangers, Hollandais, Oldembourgeois ou Mecklembourgeois.

A diverses reprises on a essayé d'installer sur nos marchés des boucheries où l'on vendait uniquement la viande de Cheval; ces essais ne paraissent pas avoir donné des résultats bien satisfaisants, le public préférant toujours la viande des autres animaux.

Nous dirons quelques mots des principales de ces races.

Race Arabe. — Crâne brachycéphale très prononcé, accusé par un front très large et plat ; naseau large très ouvert; lèvres minces, bouche petite, oreilles petites, droites, écartées, très mobiles ; robe ordinairement blanche ou d'un gris très clair. Corps élégant ; queue très longue. — Taille un peu petite, de 1m,45 à 1m,56.

Le Cheval Arabe est pur de toute alliance hétérogène. Par un élevage spécial, on en a fait le pur sang anglais de taille plus haute, avec le corps plus allongé, moins arrondi; par des croisements, ce dernier a donné naissance au Cheval de Normandie et de la plaine de Caen, des landes de Bretagne, de l'Anjou, du centre ouest, des Lorrains et Alsaciens, du Nivernais, de la Champagne et de la Bourgogne, du Limousin, de l'Auvergne, des Landes, de l'Aude et de la Camargue, enfin des Pyrénées.

Race Flamande. — Crâne dolichocéphale, face très allongée, étroite; naseaux petits; bouche grande; oreilles épaisses, longues et un peu tombantes; encolure courte et surchargée de crins; membres très gros; queue épaisse; taille 1m,65 à 1m,70.

Race Boulonnaise. — Crâne brachycéphale; front large; face courte à chanfrein droit; naseaux peu ouverts; bouche petite; encolure forte et courte, crinière touffue et double, courte; ensemble du corps épais, arrondi; taille 1m,66 à 1m,72.

Race Bretonne. — Crâne brachycéphale; front plat et carré; face courte à chanfrein déprimé; naseaux ouverts, bouche petite; oreilles petites et épaisses, dressées; encolure épaisse; crinière double très fournie; corps court et trapu; taille 1m,55 à 1m,65.

Race Percheronne. — Crâne dolichocéphale; front étroit, légèrement bombé; face allongée à chanfrein étroit; naseaux ouverts et mobiles; lèvres épaisses, bouche grande; oreilles un peu longues, dressées; encolure forte; membres forts, solidement articulés, un peu longs; taille 1m,55 à 1m,60. Robe généralement gris-pommelé.

Chevaux Limousins. — Ne constituent qu'une variété, malheureusement dégénérée du Cheval oriental; leur taille est plus petite que la sienne, la robe généralement baie ou alezane.

Chevaux Anglo-normands. — Ces métis tendent à s'unifier comme type, ils se rapprochent du Cheval anglais, avec plus de musculature et moins d'irritabilité. Ils servent surtout à remonter la cavalerie de ligne ou comme chevaux d'attelage.

Chevaux Hollandais. — Ce que nos marchands de Chevaux ramènent à Lyon sous le nom de hollandais, ou de grands carrossiers ne sont que des anglo-normands plus étoffés que les nôtres et parmi lesquels le chanfrein busqué n'est pas rare.

Chevaux Oldembourgeois. — Le Cheval allemand de l'Oldembourg et du Sleswig-Holstein, est employé chez nous au même titre que l'anglo-normand auquel il ressemble beaucoup.

Chevaux Mecklembourgeois. — Il en est de même de celui du Mecklembourg qui lui est identique de tous points.

Origine. — Le Cheval existait déjà à l'état fossile dans nos régions à l'époque quaternaire; on en a retrouvé de nombreux débris dans les dépôts du Lehm ; il vivait à l'état sauvage en compagnie du Mammouth, du Renne, du Bœuf et du Bison : il abonde dans la station préhistorique de Solutré. D'après MM. Lortet et Chantre (1), le Cheval de notre bassin était petit et trapu, en tout semblable au Cheval actuel de la Camargue.

Equus asinus, Linné.

Equus asinus, Linné, 1758. *Syst. nat.*, édit. X, p. 73, n° 2. — Blasius, 1857. *Naturg. Säugeth. Deutschl.*, p. 505.
Asinus vulgaris, Gray, 1869. *Cat. Carn. Pachyd. Brit. Mus.*, p. 268.

Historique. — L'Ane de nos pays est originaire d'Afrique sans que l'on puisse affirmer qu'il descende directement de l'Onagre. Le type le plus commun dans nos pays est l'Ane Kabyle ; c'est par exception que l'on rencontre quelques individus de la grosse variété du Poitou.

Ane Kabyle. — Crâne dolichocéphale ; front étroit et bombé ; face longue à chanfrein légèrement déprimé ; naseaux étroits, lèvres minces, bouche petite ; oreilles minces et dressées ; encolure étroite ; dos court et tranchant ; robe gris cendré plus ou moins foncée, avec une raie noire ou rousse s'étendant de l'encolure à la queue et coupée au niveau des épaules et du garrot par une autre transversale de même nuance ; taille dépassant souvent 1 mètre.

Mulet. — L'accouplement de l'Ane et de la Jument, et celui du Cheval avec l'Anesse donnent naissance à des produits mixtes, inféconds ou d'une fécondité très restreinte désignés le premier sous le nom de Mulet et le second sous celui de Bardeau. Le Mulet seul est recherché. Il se rapproche de la Jument par le volume de son corps, par la forme de l'encolure, de la croupe, par l'uniformité de sa robe et par son système dentaire. Il tient de l'Ane par sa tête grosse et courte, ses longues oreilles, ses jambes sèches, et sa queue faiblement poilue à la racine. Le Mulet de nos régions ne présente rien de particulier. Sa taille varie de $1^{m},45$ à $1^{m},65$.

(1) L. Lortet et E. Chantre, 1876. *In Arch. Mus. Lyon*, I, p. 124.

Equus hemionus, PALLAS.

Equus hemionus, Pallas, 1775. *Nov. Comm. Petrop.*, XIX, p. 394.
Asinus hemionus, Gray, 1869. *Cat. Carn. Pachyd. Brit. Mus.*, p. 371.

HISTORIQUE. — L'Hémione, originaire des pays Mongols, a été introduit en France depuis quelques années; à plusieurs reprises des essais d'acclimatation et d'élevage ont été tentés. On en a eu quelques exemples à Lyon, notamment à la ferme du Parc de la Tête-d'Or; mais le caractère difficilement domptable de ces animaux rend leur domestication souven peu pratique.

Caractères. — L'Hémione a le port et la taille d'un beau Mulet; la tête est plus grande que celle du Cheval, plus comprimée latéralement, le cou plus élancé, plus arrondi; le corps alourdi; les membres hauts et fins la queue est mince et longue et ressemble à celle de la Vache; les oreilles sont plus longues que celles du Cheval, mais plus courtes que celles de l'âne. La robe est d'un gris isabelle, le museau blanchâtre, la tête, le cou et le dos d'un jaune plus ou moins fauve ; de l'extrémité de la crinière part une bande noire qui se prolonge le long du do jusqu'à la touffe terminale de la queue.

Hybrides. — Il a été fait, il y a quelques années, à la ferme d'application de l'École vétérinaire de Lyon, des essais d'accouplement entre l'Ane et l'Hémione; on a obtenu quatre produits, deux mâles et deux femelles; les uns et les autres ont été inféconds. Ces hybrides d'une grande robusticité, mais d'un caractère difficile ont été employés pendan longtemps à la ferme pour les travaux agricoles et les transports. Le squelette de l'un d'eux existe actuellement au laboratoire de zootechnie de l'École vétérinaire. On a depuis lors renoncé à ce genre d'élevage.

TABLE DES MATIÈRES

CHIROPTERA

RHINOLOPHIDÆ

Genre RHINOLOPHUS, Geoffroy.

VESPERTILIONIDÆ

Genre PLECOTUS, Geoffroy.

Genre VESPERUGO, Keyss. et Blasius.

CARNIVORA

FELIDÆ

Genre FELIS, Linné.

CANIDÆ

Genre CANIS, Linné.

MUSTELLIDÆ

Genre MELES, Linné.

Genre MARTES, Cuvier.

Genre FOETORIUS, Keyss. et Blasius.

Genre LUTRA, Linné.

RODENTIA

SCIURIDÆ

Genre SCIURUS, Linné.

Genre ARCTOMYS, Schreber.

Genre CASTOR, Linné.

MYOXIDÆ

Genre MYOXUS, Schreber.

MURIDÆ

Genre MUS, Linné.

Genre ARVICOLA, Lacépède.

LEPORIDÆ

Genre LEPUS, Linné.

CAVIÆ

Genre CAVIA

RUMINANTIA

CERVIDÆ

Genre CERVUS, Linné.

OVIDÆ

Genre CAPRA, Linné.

Genre OVIS, Linné.

BOVIDÆ

Genre BOS, Linné.

PACHYDERMATA

SUIDÆ

Genre SUS, Linné.

EQUIDÆ

Genre EQUUS, Linné.

FIN DE LA TABLE DES MATIÈRES

LYON. — IMPRIMERIE PITRAT AINÉ, RUE GENTIL, 4